U0150520

渤海湾盆地油气运移
"汇聚脊"控藏与浅层勘探

薛永安　牛成民　王德英　于海波　著

科学出版社
北　京

内 容 简 介

本书基于渤海油田丰富的地质、沉积、钻井、化验和地震资料，结合油气运聚模拟实验，系统总结研究了过去数十年浅层勘探的成功经验和失败教训，提出了渤海湾盆地浅层"源外"成藏的"汇聚脊"油气运移理论和控藏模式，解释了多年来渤海海域成功与失败的钻探结果，回答了渤海湾盆地浅层成藏最为关键的油气运移问题，近十年来指导发现了垦利 6-1、渤中 34-9、渤中 36-1、渤中 29-6 和曹妃甸 12-6、渤中 8-4 等一大批浅层高产优质大中型油田，为渤海油田上产 4000×10^4 t 奠定了储量基础。

本书可供从事石油与天然气尤其是从事浅层油气勘探和开发的科研工作者和技术管理人员，以及高等院校师生科研和教学参考使用。

图书在版编目(CIP)数据

渤海湾盆地油气运移"汇聚脊"控藏与浅层勘探/ 薛永安等著. —北京：科学出版社，2021.2

ISBN 978-7-03-067606-1

Ⅰ．①渤… Ⅱ．①薛… Ⅲ．①渤海湾盆地–油气运移–研究 Ⅳ．①P618.130.1

中国版本图书馆 CIP 数据核字(2021)第 001474 号

责任编辑：刘翠娜 / 责任校对：王萌萌
责任印制：师艳茹 / 封面设计：蓝正设计

科 学 出 版 社 出版

北京东黄城根北街 16 号
邮政编码：100717
http://www.sciencep.com

北京九天鸿程印刷有限责任公司 印刷
科学出版社发行　各地新华书店经销

*

2021 年 2 月第 一 版　开本：787×1092 1/16
2021 年 2 月第一次印刷　印张：12 1/4
字数：268 000

定价：248.00 元
(如有印装质量问题，我社负责调换)

序

　　渤海湾含油气盆地是我国油气勘探的老探区，目前无论原油探明储量还是产量都约占全国三分之一。由于其陆地油区和海域油区在构造与沉积特征上存在较大差异，导致主要含油层系在周边陆地油区以古近系(沙河街组)为主，而在渤海海域及滩海地区，新近系(明化镇组、馆陶组)成为主要成藏层系。正是这种差异性造成了油区勘探思路、认识和结果的不同。从 20 世纪 90 年代开始，渤海勘探家们逐渐认识到海域成藏体系与周边陆区的不同，即周边陆地油区含油层系和烃源岩为同一层系(古近系)，烃源岩和储层直接接触，属于"源内"成藏，其主控因素是储层与圈闭；而渤海海域油区含油层系和烃源岩为不同层系，其间被厚层的非烃源岩相隔，属于"源外"成藏，油气运移成为该区域成藏的最主要控制因素。这也是前期借鉴陆地成功经验在海域勘探失利的主要原因。随着新的认识的提出，特别是"中转站"等油气运移思想的提出和实践，渤海海域获得了重要油气发现，成为渤海湾盆地油气接替的主要地区。

　　近年来，随着渤海油田勘探程度的深入，浅层勘探目标更为复杂，油气运移条件导致勘探成效差异更加明显。在渤海油田丰富的地质、沉积、钻井、化验和地震资料的基础上，渤海油气勘探工作者结合勘探实践中不断发现的新问题，继承和发扬了渤海浅层油气成藏"中转站"油气运移思想和系列成果，全面回顾总结了过去数十年浅层勘探过程中的成功经验和失败教训，提出了渤海湾盆地浅层"源外"成藏"汇聚脊"油气运移理论与控藏模式，并分析了其运移机理，建立了不同类型圈闭的成藏模式，并进行了实验模拟验证。基本解释了多年来的钻探结果，较全面地回答了渤海湾盆地浅层油气运移问题，近十年来，指导发现了海域大批新的浅层高产优质大中型油田，落实了渤海油田上产 4000×10^4t 的储量基础。该模式将继续指导渤海海域地区浅层从构造勘探走向岩性勘探，实现新的油气勘探高潮。

　　该书是实践和理论结合的结晶，值得从事油气勘探开发的研究人员，特别是油田一线研究人员、大专院校师生参考。

中国工程院　院士

2020 年 12 月

前　言

渤海湾含油气盆地是我国主要含油气盆地之一。经过六十多年的勘探开发，其陆地地区建成了胜利、辽河、华北、大港、中原、冀东等油区，而海域地区在近二十多年来则成为最大产油基地和储量增长点。渤海湾盆地陆地油区(胜利油田、辽河油田等)油气主要成藏层系为古近系沙河街组，海域及滩海油气主要成藏层系为新近系明化镇组、馆陶组。

从 20 世纪 60 年代开始，陆地油区是勘探重点探区，在胜利、辽河、华北等油区发现了许多大油田，渤海湾盆地陆地油区成为我国最主要的原油产区之一，随着这些油田的发现，形成了一系列勘探理论、认识。然而，这些理论认识在海域油区指导勘探却遇到了困难，勘探成效不佳。随着勘探的深入，渤海油田勘探家们逐渐认识到海域和周边陆区油气成藏体系存在差异。周边陆地油区主要含油层系和烃源岩均为古近系沙河街组，属于"源内"成藏，烃源岩和储层直接接触，烃源岩中生成的油气可以直接进入圈闭成藏，油气运移简单、通畅(华北油田潜山储层虽然和烃源岩不属于同一层系，但两者仍然直接接触，可以视为"源内"成藏)，油气成藏主控因素为储层和圈闭。海域油区主要含油层系为新近系，烃源岩为古近系沙河街组，其间被厚达数百米至数千米的(东营组)泥岩相隔，属于"源外"成藏。油气成藏差异性是早期直接借鉴陆地成功经验导致海域勘探失利的主要原因。随着新的地质认识的提出，尤其是邓运华院士提出的"中转站"等油气运移模式，指导渤海海域获得重要油气发现，成为渤海湾盆地主要的油气接替区。

近十多年来，随着渤海油田勘探程度的提高，渤海海域新近系油气勘探由凸起区、陡坡带向缓坡带、凹中隆起带和复杂断裂带等逐步推进，勘探目标由构造型圈闭转向构造-岩性型、岩性型圈闭，油气运移条件导致油气勘探的成效差异更加明显。笔者团队面对勘探实践中不断出现的新问题，继承和发扬了渤海浅层"源外"油气成藏"中转站"油气运移思想和系列成果，在渤海油田丰富的地质、沉积、钻井、化验和地震资料的基础上，系统研究总结了过去数十年浅层勘探过程中的成功经验和失败教训，提出了渤海湾盆地浅层"源外"成藏的"汇聚脊"油气运移理论和模式。该模式强调"源内"与烃源岩大面积接触的高效渗透层(不整合面、砂体等)与断层联合控制"源外"油气成藏，此类与烃源岩大面积接触的高效渗透层在空间上以脊状或似脊状形态展布的地质体即为控制油气运移的"汇聚脊"。并分析了汇聚脊控制油气初次运移、二次运移的机理，建立了浅层 5 种不同类型圈闭的成藏模式，并通过实验模拟进行了验证。该模式基本解释了多年来渤海海域正反(成功与失败)两个方面的钻探结果，回答了渤海湾盆地浅层成藏最为关键的油气运移问题，近十年来指导发现了一大批高产优质的大中型浅层油田，为渤海油田上产 4000×10^4 t 奠定了储量基础。

由于渤海海域及其周边滩海地区浅层（新近系）以河流相及浅水三角洲沉积为主，普遍发育区域性储盖组合，储层埋藏浅、物性好；其圈闭类型包括构造、构造-岩性、岩性等类型，在前两者基本钻探完成之后，还存在大量的岩性圈闭，因此"汇聚脊"模式将继续指导渤海海域浅层从构造勘探走向岩性勘探，实现新的油气勘探高潮。

汇聚脊油气运移理论与控藏模式主要包括以下内容：

（1）汇聚脊是指存在于浅层圈闭下方、具有脊状或似脊状的深层地质体，其顶面或内部具有层状、与烃源岩大面积连接的渗透层。按照汇聚脊自身的构造形态和构造位置，可以划分为凸起型、凹中隆起型和陡坡砂体型三种类型。

（2）通过模型分析油气从烃源岩运移进入不整合面、砂体、断层等渗透层发生初次运移，之后在渗透层二次运移汇聚的过程，估算了三者发生初次运移的不同机会。强调了直接与烃源岩接触的断层无法获得大量初次油气运移，断层必须通过与不整合面、砂体等渗透层联合才能控制规模性二次油气运移，从而建立了浅层油气富集与深层油气运移的关系，明确了汇聚脊汇聚油气机理。

（3）结合渤海海域浅层油气勘探实践，系统总结油气成藏规律，建立凸起型接力式、陡坡砂体型"中转站"式和凹中隆起型贯穿式三种汇聚脊控制浅层油气富集模式。

（4）对汇聚脊汇聚油气机理及其控制浅层富集模式开展物理实验、数值模拟。模拟分析了油气在不整合、砂体、断层组成的复杂地质体中运移的先后顺序和组合特征，验证了汇聚脊对油气运移的控制作用。

（5）针对渤海海域不同构造带的特点，开展汇聚脊成因演化、汇烃能力及其浅层油气成藏特征的研究。明确不同类型汇聚脊对浅层油气富集成藏的控制作用。凸起型汇聚脊分布于大型凸起带上，面积大、幅度高、汇烃能力最强、浅层油气藏规模最大、富集程度最高；凹中隆起型汇聚脊位于凹陷内部，面积中等、幅度中等、浅层油气成藏规模以中型为主；陡坡砂体型汇聚脊由陡坡带边界大断层及其下降盘砂体组成，汇烃能力较强，浅层也可以形成大中型油气藏；隐伏型汇聚脊常隐没于斜坡构造背景上，形态宽缓，汇烃面积较大，浅层油气油层相对单一，亦能形成规模型油气藏；无汇聚脊的凹陷区及斜坡带浅层没有规模性油气聚集。

汇聚脊油气运移理论与控藏模式，回答了渤海油田多年来浅层勘探过程中存在的关键问题，丰富和完善了油气运移研究成果，有效指导了渤海油田近年来浅层油气勘探实践，保障了渤海油田浅层领域在显性构造圈闭钻探完毕之后大中型油田勘探持续获得新突破。近年来发现了垦利 6-1、渤中 34-9、渤中 36-1、渤中 29-6、曹妃甸 12-6、渤中 8-4 等多个大中型油田，累计发现三级石油地质储量超过 15×10^8 t，提交国家探明储量约 10×10^8 t，单井产能高，可新建产能约 1200×10^4 t，为渤海油田上产 4000×10^4 t 奠定了储量基础。

本书内容由薛永安构思设计，薛永安、牛成民、王德英、于海波组织撰写。本书前言由薛永安编写；第一章由于海波、薛永安编写；第二章由薛永安、于海波编写；

第三章由王德英编写；第四章由牛成民编写；第五章由牛成民、王德英编写；全书由薛永安统稿。王琦、闫建钊、江尚昆、孙永河、孙哲、肖锦泉、沈桐、宋宪强、张捷、胡安文、梁舒艺、彭靖淞等参与了基础数据整理、统计、图件清绘、书稿校对等工作。马妍、付键、杨海风、张新涛、庞磊、黄晓波等对本书亦有贡献。

　　汇聚脊油气运移理论与控藏模式是在总结前人勘探认识与经验的基础上，根据近年渤海油田勘探实践，进一步深化研究浅层油气成藏富集规律的基础上总结提炼而成，其应用范围和适用对象不免存在局限性，且不同盆地、不同地区面临的地质问题千差万别，因此本书所提出的理论认识仅供参考。此外受作者水平和研究深度的限制，书中难免存在不足之处，请广大读者批评指正。

薛永安
2020 年 12 月

目　　录

第一章

绪　论

1.1 渤海湾盆地发育简史

渤海湾盆地为发育在古老中朝地台之上的新生代裂陷盆地(图 1-1)。前新生界基底结构复杂,已发现有 SN 向、EW 向、NW 向及 NNE 向等多方位的构造,其中在大部分凹陷内的构造方向为 NNE,表明区域裂陷作用自白垩纪早期既已开始,成为大型裂谷盆地形成的雏形。盆地的成盆期主要是新生代的始新世到渐新世,中新世开始演化为拗陷盆地,新生代构造轴向以 NE 向为主。正是渤海湾盆地中—新生代多期异向构造建造、改造的共同作用,使得渤海湾盆地发育多方位的断裂,这些断裂在后期演化的过程中控制大量正向构造(构造脊)的发育。

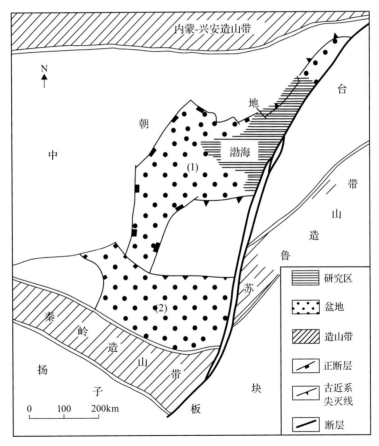

图 1-1 渤海湾盆地大地构造位置图
(1)渤海湾盆地;(2)南华北盆地

1.1.1 渤海湾盆地基底构造演化

渤海湾盆地的基底为华北克拉通(华北地台),针对华北克拉通的发展、演化,前人做了大量的工作，取得了丰富的成果。在渤海湾盆地动力学背景和区域构造分析的基础上，将前新生代盆地基底构造演化划分为六大阶段：

(1) 太古代—古元古代变质结晶基底形成阶段：以古元古代末 1850~1700Ma 的吕梁或中条运动不整合面为标志结束其发展，并迎来华北第一套沉积盖层发育阶段。

(2) 中—新元古代大陆裂谷盆地发育阶段：以新元古代 800~600Ma 的蓟县上升运动不整合面为标志，结束其第一套沉积盖层——燕辽拗拉槽的沉积演化阶段，同时在现在位置的华北东部和南部边缘形成震旦纪的裂陷盆地。

(3) 早古生代寒武纪、奥陶纪稳定克拉通盆地发育阶段：以晚奥陶世—早石炭世的构造上升、风化剥蚀不整合面为标志，结束其早古生代主要受周边拉张被动大陆边缘控制的稳定克拉通盆地发育阶段，开始向不稳定克拉通盆地发育阶段的转化。

(4) 晚古生代石炭纪、二叠纪至中生代早—中三叠世不稳定克拉通盆地发育阶段：主要受周边俯冲、碰撞挤压的活动大陆边缘作用产生的前陆或弧后前陆盆地控制，以中三叠世末的印支运动不整合面为标志，由于华北板块与扬子板块的碰撞缝合，结束华北板块周缘前陆盆地发育演化阶段，同时开始碰撞期后的挤压、走滑、拉张伸展调整的内陆盆地发育阶段，这一时期受近南北向挤压作用的影响，渤海湾盆地发育近东西向褶皱构造，同时伴生发育一些受挤压变换成因的南北走向断裂，这些构造晚期再活动，则进一步控制了构造脊的形成。

(5) 中生代晚三叠世至早、中侏罗世内陆盆地发育阶段：以中侏罗世与晚侏罗世之间的早燕山运动不整合面为标志，反映华北板块受扬子板块碰撞构造效应影响的结束和受太平洋构造域作用的开始。

(6) 中生代晚侏罗世至白垩纪裂陷盆地发育阶段：进入受太平洋构造域控制新时期。随着古亚洲或古特提斯域构造体系活动的减弱，西太平洋主动陆缘开始形成和发展。以晚侏罗世至早白垩世中国东部出现强烈的火山、构造活动为标志，表明华北进入受太平洋构造域控制的裂陷盆地发育阶段，这是华北克拉通(尤其华北克拉通东部)的重要构造转折时期。事实上，当时西太平洋伊泽奈崎-库拉板块向亚洲大陆的俯冲作用在早、中侏罗世已经开始，然而由于构造作用过程时空反映的滞后效应，华北从晚侏罗世开始才表现出显著的构造活动性，并以裂陷作用和火山活动不断增强表现出来，随着伊泽奈崎-库拉板块向北及 NNW 运动斜向俯冲挤压亚欧板块，郯庐断裂开始左行走滑向北扩展。此时，华北克拉通的大规模南北向挤压环境基本消失，取而代之以走滑扭动为主。在这样的构造背景下，形成了郯庐断裂带西侧华北中生代盆地(图 1-2)及鲁西南中生代盆地的基本构造格局，表现为以 NE 向左旋走滑及伴生的 NW 向伸展断陷盆地为特征，受 NE 或 NNE 向的断裂控制的盆地多为走滑相关的盆地，受 NW 向断裂控制的则主要为伸展盆地，并多表现为箕状特征，在这样的构造背景下，渤海湾盆地广泛发育 NNE 向构造控制的脊及 EW 向变换构造控制的脊。

图 1-2　渤海湾盆地晚侏罗世—白垩纪主干断裂分布

1.1.2　新生代构造沉积演化

　　渤海湾盆地是一个以新生代为主要成盆期的陆相裂谷盆地，以北部燕山、西部太行山、南部鲁西隆起为控盆边界，由周边陆地向海域，地层沉积时代、构造活动阶段及断裂活动时期均呈现由老变新的趋势(龚再升等，2001)。新生代以来，渤海湾盆地充填结构明显表现出古近系断陷和新近系拗陷两套构造层的特征：古近系具有明显的裂谷盆地的"盆-岭"结构，内部凹陷多呈半地堑、地堑式，并伴随大量火山岩发生；新近系则整体为裂后热沉降。从全盆地来看，孔店组—沙河街组沉积期，凹陷中地层展布较为稳定，盆地呈现整体沉降的特征；从东营组沉积时期开始，盆地沉降中心逐渐向海域迁移，至第四纪渤中凹陷成为盆地的沉积中心(图 1-3)。盆地内部构造几何学及动力学特征、构造-沉积演化特征和构造沉降史等的综合研究表明渤海湾盆地新生代盆地演化具有鲜明的阶段性特征，构造沉积演化可分为裂谷期(古近纪)和裂后热沉降期(新近纪至第四纪),大致可分为五个演化阶段。

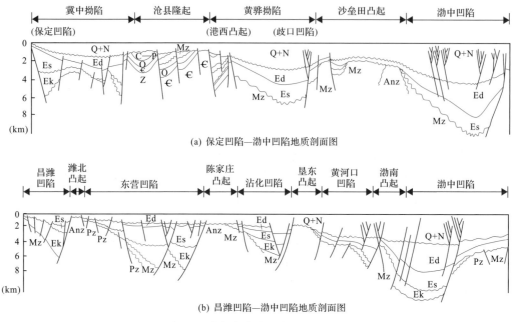

(a) 保定凹陷—渤中凹陷地质剖面图

(b) 昌潍凹陷—渤中凹陷地质剖面图

图 1-3　渤海湾盆地区域地质剖面图

(1)裂陷Ⅰ幕:始新世孔店组—沙三段沉积时期的伸展拉张裂陷阶段(66～38Ma)。

受古太平洋板块 NW 向俯冲的影响,渤海湾盆地伸展应力场方向为 NW—SE 向,受其影响,基底 NNE 向先存构造发生斜向伸展复活,同时盆地内新生大量 NE 向断裂及其控制的构造脊。在古新世早中期盆地因普遍处于暴露剥蚀而缺失同期沉积地层,至古新世晚期—始新世早期盆地开始沉降,进入局部湖盆断陷期,部分地区发育沙四段和孔店组地层,但范围较为局限。断陷湖盆经历了由相对分散、独立的小断陷到部分彼此串通联合成较大断陷的演化过程,而渤海海域孔店组—沙四段沉积期湖泊面积相对较小(尤其是孔店组沉积),盆地充填以冲积扇-辫状平原沉积为主,储集层较为发育,但烃源岩分布相对局限。至沙三段沉积时期,盆地进入广泛的断陷期,湖盆凹陷多表现为强烈的半地堑结构特征,强烈快速的断陷作用在各凹陷形成半深湖-深湖沉积环境,凹陷的沉降沉积中心相对比较稳定,广泛沉积了一套巨厚的暗色泥岩,在全盆地发育沙三段烃源岩,这也是渤海海域的主力烃源岩。由于盆缘断裂的持续活动,在断裂的下降盘发育近物源的扇三角洲、湖底扇,与深湖相烃源岩交互,是油气富集的有利相带。

(2)初始裂后热沉降阶段:渐新世沙一—二段沉积期(38～32.8Ma)。

沙三段沉积结束后,全区普遍发育一不整合面,代表了一次重大的构造事件,这次构造事件在盆地演化中具有重要的转折意义。至沙一—二段沉积时期,盆地充填类型发生明显的变化,不再具有典型断陷特征,主要表现在:沙一—二段无论是沉积厚度还是岩性均变化较小,特别是沙一段以泥岩夹白云岩、生物灰岩为特征的"特殊岩性”段在全盆地可以追踪对比；沙一——二段沉积时期的盆地分布范围较下伏沙三段沉积时期盆地分布范围广得多，湖盆以“水浅面广”为特征；沙一——二段沉积期断裂活动微弱；沙一——二段沉积前的裂陷Ⅰ幕与其沉积后的裂陷Ⅰ幕在盆地形成动力学体制上有显著差异，裂陷Ⅱ幕走滑拉分的动力学机制十分强烈，而裂陷Ⅰ幕上、下地壳的非均匀不连续伸展作用突出。沙一——二段这些沉积特征都表明该时期盆地进入构造相对平缓的热沉降拗陷阶段，裂陷活动较弱，地层厚度不大，但发育一套品质高且分布广泛的烃源岩。沙一——二段也是渤海海域优质储集层发育层段，储层物性好，油气产能高。

（3）裂陷Ⅱ幕：渐新世东营组沉积时期（32.8～24.6Ma）。

东营组沉积时期，在先存盆地构造基础上进一步发生渐进裂陷伸展，使断陷湖盆继续发展，盆地进入强烈的断陷期，构造沉降速率再次变大，断层活动速率也相应加大，渤海海域东营期沉降速率是陆上的2～3倍。该时期渤海海域成为渤海湾盆地的断陷沉积和区域沉降中心，普遍处于深湖相沉积环境，从而形成了渤海海域第二套主力烃源岩——东营组烃源岩，这也是渤海海域独有的一套烃源岩。

（4）第二裂后热沉降阶段：馆陶组至明下段沉积时期（24.6～5.1Ma）。

东营组顶部发育区域性不整合面，标志着古近纪裂陷期的结束、新近纪裂后热沉降拗陷期的开始，盆地发生大规模缓慢热沉降，沉积充填整体表现出向心式广覆充填的特征。该阶段，渤海湾盆地明化镇—馆陶期沉积总体以山麓沉积相、冲积平原-河流平原相粗碎屑为主，渤海海域的沉积环境与盆地陆区有很大不同，海域沉积中心逐渐向东迁移，远离物源区，部分地区出现滨浅湖相沉积，发育浅水-极浅水三角洲沉积体系，形成了渤海海域特有的一套新近系勘探层系。

（5）新构造运动阶段：明上段沉积以来（5.1Ma至今）。

第二裂后热沉降结束后，盆地又经历新一轮快速沉降，以断裂活动为代表的构造活动明显变强烈。这一期构造变化的动力来源主要与印度次大陆和欧亚大陆碰撞后的向北推挤有关，由此造成5.4Ma青藏高原开始大规模隆升，同时向东挤出，产生滑线场，并使华北地区处于近NEE向的水平挤压应力场中，同时伴随郯庐断裂的右旋走滑运动，形成了典型的花状构造，并伴随明上段以及第四系沉积中心的迁移变化。新构造运动造成渤海海域浅层晚期断裂十分发育、油气运移活跃、大量圈闭定型，有利于油气向浅层运移聚集成藏，奠定了渤海海域极其特殊的“油气晚期成藏”的特征。

渤海湾盆地中—新生代以来的构造演化造就了现今渤海湾盆地复杂的断裂分布及多方位构造脊的发育，构造脊的多方位展布与断裂走向密切相关。在渤海海域渤中拗陷主要发育SN向、NNE向、NW向和NE向四个方位的构造脊，其中南北向构造脊主要受南北向断层控制，分布在西部和中部，主要为印支期南北向隐伏断层、中新生代再活动控制的构造脊；NNE向、NW向构造脊连续分布在中东部地区，主要为NNE向走滑断层中生代伸展、新生代变换走滑控制的构造脊；NE向构造脊受新生代构造活动影响，主要为古始新世NE断层与基底先存断层共同控制的次级构造脊，虽然大面积分布在整个盆地，但是规模相对其他走向的构造脊较小。另外，根据新生代区域变形机制的不同，可以将渤海海域渤中拗陷构造脊分为伸展型、伸展-走滑型和斜向伸展型三大类，结合构造脊形成时期的差异性，可进一步划分为基底先存构造控制型构造脊、新生代新生构造脊、新生代走滑带边部派生伸展应力场控制的构造脊及中新生代走滑带叠覆区内构造脊四类(图 1-4)。

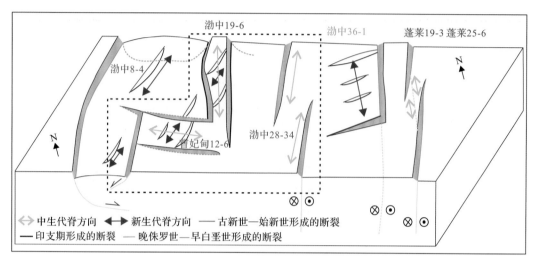

图 1-4　渤海湾盆地多方位构造脊成因模式

渤海湾盆地在这种多期伸展和走滑的区域应力场作用下，发育"八拗二隆"的构造格局。在古近纪发生多幕裂陷和沉降充填，盆地发育孔店组—沙四段、沙三段和沙一—二段等多套有效烃源岩，并在渤海形成了一套海域独有的东营组烃源岩，在盆地不同的构造部位形成不同类型的复式油气聚集带，形成了济阳、辽河、冀中、黄骅、临清、渤中等富油气拗陷。同时，渤海海域的构造-沉积演化与盆地陆区相比，虽有共性，也有差异性，特别是在区域构造作用和郯庐断裂带的共同作用下，渤海海域先后经历了两期断陷的构造旋回及新构造运动，尤其是古近系东营组沉积时期以来，渤海海域成为渤海湾盆地沉积沉降中心，东营组沉积了巨厚的湖相泥岩，一定程度上控制了其油气富集规律的差异性，垂向上形成了明化镇组—馆陶组和沙河街组—潜山等上、下两套主力油气产层层位，这一认识对于渤海海域的油气勘探具有重要意义。

1.2　渤海湾盆地主要勘探层系及成藏特征

1.2.1　渤海湾盆地油气勘探概况

渤海湾盆地油气勘探始于 1955 年。1961 年在东营凹陷钻探的华 8 井获得工业油流，揭开了盆地油气勘探的序幕(翟中喜等，2008)。1964 年我国组织开展华北石油大会战，油气勘探工作在济阳、黄骅、辽河、冀中等拗陷全面展开，先后成立了胜利、辽河、华北、大港、中原、渤海、冀东七大石油公司。截至 2018 年底，渤海湾盆地累计探明石油地质储量超 150×10^8t，约占全国石油地质探明储量的 38%，是目前我国已发现石油地质储量最多的含油气盆地；累计石油产量近 27×10^8t，约占全国总石油产量的 38%。渤海湾盆地石油年产量连续多年位居全国第一，已成为我国重要的石油生产基地，为我国能源供应和经济建设做出了突出贡献。

渤海湾盆地是一个复杂的断陷盆地，由多个箕状断陷盆地组成，每个断陷又具有独立的沉积体系和构造演化动力体系，多期构造运动导致多套层序和生储盖岩系发育，形成了多个含油气层系。根据渤海湾盆地的发展演化，可将油气垂向分布划分为 3 个主要含油层系。

(1)潜山含油层系：油气藏类型以各时代的断块型潜山为主，具有新生古储的成藏特征，以古近系湖相泥岩为盖层，潜山裂缝、溶蚀孔洞为主要储层，具有不因埋藏深度大而明显降低油层物性的特点，油气主要来源于古近系，表现为类似"源内"成藏的特征。

(2)古近系沙河街组含油层系：为典型的"源内"成藏模式，油气藏类型丰富，发育构造油气藏、地层-岩性油气藏、构造-岩性油气藏和岩性油气藏，具有自生自储的成藏特征，以湖相泥岩为区域盖层，三角洲、浊积扇等砂岩为主要储层，油气来源主要为沙河街组和孔店组。

(3)新近系含油层系：为典型"源外"成藏模式，油气藏埋藏浅，类型丰富，以构造、构造-岩性和岩性油气藏为主，具有下生上储的成藏特征。河流相和极浅水三角洲发育，储盖组合优越，油气主要来自古近系沙河街组烃源岩，其烃源岩与新近系储层之间被东营组厚层泥岩分隔，油气需要向上运移至浅层才能在新近系中聚集成藏，因此，油气运移是新近系成藏的关键因素。

1.2.2　潜山油气成藏特征

潜山油气藏一直是渤海湾盆地油气勘探的重要领域(蒋有录等，2015)。据统计，截至 2018 年底，渤海湾盆地已在冀中、辽河、黄骅、济阳、渤中等多个拗陷内发现并探明百余个古潜山油气田，已发现有中生界、上古生界、下古生界、中元古界—上元古界和太古界 5 套主要含油层系(李欣等，2013)。

1. 成藏条件

1)供烃条件

新生界古近系湖相泥岩是渤海湾盆地潜山主要的供烃源岩(李军生等，2010)，勘探实践证实，古近系一般发育沙四段、沙三段、沙一段和东营组多套烃源岩层系，古近系烃源岩与前古近系潜山空间上发育的叠置关系决定了其具有上生下储的基本特征。

从供烃方式来看，根据供烃洼陷的数目，可分为单向供烃和多向供烃，同时考虑成熟烃源岩与潜山的接触关系，又可分为接触直接供油和未接触间接供油两类，综合考虑，可将渤海湾盆地潜山供烃方式划分为四大类(蒋有录等，2020)：源下半覆盖型、源下全覆盖型、单向间接型及多向间接型。

源下半覆盖型为单向供烃，主要是烃源岩通过断面与潜山储层对接，潜山上部被非生烃层系覆盖，形成半覆盖式；源下全覆盖型指潜山圈闭被有效烃源岩直接覆盖，潜山顶部储层与烃源岩大面积接触，供油条件最好；单向间接型为单洼供烃，且有效烃源岩未与潜山储层对接，可进一步分为三种类型；多向间接型为多洼供烃，烃源岩与有效储层未发生接触，油气主要通过断层及不整合面进入潜山圈闭中聚集成藏。不同供烃方式供油能力不同，其中源下全覆盖型供烃方式具有近油源（直接接触）、油源充沛的特点，供烃能力最强；源下半覆盖型同样具有近油源的特点，但由于其上部被非源岩覆盖，供烃条件相对较差；多向间接型为多洼供烃，油气来源丰富，但未与潜山储层对接，供烃条件一般；单向间接型由于离油源较远，且为单向供烃，供烃条件相对最差。

2）储层条件

渤海湾盆地已发现潜山油气藏统计表明，中生界火山岩、下古生界碳酸盐岩、中元古界—新元古界碳酸盐岩以及太古界变质岩中均有潜山油气藏的发现（杨明慧，2008；吴伟涛等，2015）。

中生界火山岩主要包括玄武岩、安山岩、凝灰岩以及火山角砾岩等，勘探实践证实其储层主要发育于中酸性爆发相火山岩之中，既受岩性、岩相控制，又明显受后期改造作用的影响（叶涛等，2016）。溶蚀孔洞、风化裂缝以及构造裂缝是火山岩的主要储集空间，特别是风化裂缝和构造裂缝的发育对储层的改造作用尤为明显。

渤海湾盆地主要发育两套碳酸盐岩储层，分别发育于下古生界寒武—奥陶系地层和中元古界—新元古界碳酸盐岩地层中。整体而言，碳酸盐岩储集空间具有多样性（邹华耀等，2001；赵贤正等，2012），但主要以溶蚀孔隙和裂缝为主，最普遍的是岩溶作用造成的次生孔隙（王拥军等，2012），其孔隙的形成主要受古风化壳的淋滤作用控制。

太古界变质岩储层岩性主要以变质花岗岩、片麻岩和混合岩为主，储集空间类型以孔隙-裂缝型和裂缝型为主（薛永安等，2018）。岩石中长英质矿物含量普遍较高、地层脆性强，易形成裂缝，为优质储集层的发育创造了较好的岩性条件。渤海湾盆地中新生代构造活动频繁，多期构造应力叠加背景下，构造应力破碎作用使潜山内幕发育大规模裂缝带和动力破碎带，是变质岩优质储集层形成的关键。此外，风化作用影响下变质岩潜山顶部易形成大量次生溶蚀孔和沿裂缝溶蚀扩大孔，与多期的区域构造应力作用形成的内幕裂缝共同构成了典型的立体网状储集空间类型。

3）运移条件

由于潜山油气藏整体以"新生古储"为主，新生界烃源岩中的成熟油气必须经过一定程度的运移才能进入到古老的基底潜山中聚集成藏，在此过程中，不整合面和断层是主要油气运移通道。渤海湾盆地新生代构造活动强烈（侯贵廷等，2001），断裂体系发育，并且中生代—新生代以来发育多个不同级次的不整合面，整体而言，运移条件良好。

2. 成藏主控因素及成藏模式

1) 成藏主控因素

渤海湾盆地潜山多被古近系地层覆盖，与古近系烃源岩直接接触(上下接触或侧向接触等)，具有类似"源内"成藏的特征，勘探实践表明，储层发育程度对潜山油气成藏起到了重要的控制作用。

(1) 优质的储集条件是潜山油气富集的关键条件。

勘探实践表明，潜山储层的优劣控制了油气的富集位置和富集程度，优质储层孔渗性好，是潜山油气的有利运聚空间，油气优先选择储层发育段富集成藏；同时潜山储集性能越好，储集体规模越大，则潜山油气藏富集程度越高，反之则富集程度低。据统计(蒋有录等，2015)，渤海湾盆地不同凹陷内潜山优质储集层百分数与潜山油气储量占比具有明显相关性，凹陷内潜山优质储集层的发育程度控制了潜山油气的富集规模，优质储层分布越广，潜山油气储量百分数普遍较高。

(2) 丰富的油气来源是潜山成藏的物质基础。

渤海湾盆地新生代发育多个富烃凹陷，古近纪多幕裂陷控制下纵向发育多套优质烃源岩，烃源岩往往具有厚度大、丰度高、类型好的特点。另外在多期构造叠加改造下盆地呈现多凸多凹、凸凹相间的分布特点，这种构造格局决定了洼陷烃源岩与潜山往往形成"多对一"的源储配置关系。丰富的油气来源为潜山油气藏的形成奠定了雄厚的物质基础。

(3) 良好的运移条件是潜山成藏的重要保障。

潜山油气的外来性决定了基岩与烃源岩分别为独立的岩体，在源储分离条件下烃源岩生成的大量油气需要通过不整合面和断层的输导作用进入潜山储层内聚集成藏，中生代以来，渤海湾盆地构造活动频繁，多期次活动断裂和不同级次不整合面的发育为潜山油气成藏提供了重要保障。

2) 油气成藏模式

根据潜山油气藏的分布特征以及烃源岩与潜山圈闭的配置关系，可将其成藏模式归纳为凹内源下成藏模式、单向源侧成藏模式和凹间双源成藏模式三大类。

(1) 凹内源下成藏模式。

凹内源下成藏模式易形成深埋于洼陷带的大型整装潜山油气田，潜山构造一般被有效烃源岩所覆盖，其上的烃源岩均已进入成熟阶段且一般发育超压，成熟油气以高压驱动，直接进入潜山圈闭中聚集成藏。该类潜山油气藏成藏条件最为有利，是渤海湾盆地大型-超大型潜山油气藏的主要类型，如饶阳凹陷任丘潜山、渤中凹陷渤中19-6潜山皆属此类型。该类成藏模式的潜山油气藏油源十分充足，储层条件是此类油气藏的成藏主控因素。

(2) 单向源侧成藏模式。

单向源侧成藏模式主要发育在缓坡带以及陡坡带，主要以断块型潜山油气藏为主，在缓坡带可见残丘型潜山油气藏。由于此类潜山圈闭发育在凹陷边缘,未与油源直接接触,潜山油气具有单向间接输导的特点。成熟油气生成以后,往往需要借助断层或者不整合面组成的输导系统进行长距离运移,油气进入斜坡区的潜山圈闭中逐个充满,潜山圈闭离油源越近,油气充满度越高,远端圈闭能否成藏以及成藏规模大小受储层条件、运移条件和油源条件共同控制。

(3)凹间双源成藏模式。

凹间双源成藏模式主要发育在凹陷与凹陷之间的凸起带上。各生烃洼陷中生成的油气,以浮力或超压为动力,通过断层和多级不整合面联合输导,进入凸起区聚集成藏。该类成藏模式往往具有源间多洼供烃的特点,如渤海海域辽东湾地区的锦州 25-1 南潜山油气藏以及济阳拗陷埕岛潜山。勘探实践证实,凹间凸起区是油气的有利聚集区,但由于凸起带潜山储层发育受岩性、风化时间以及构造运动等多种因素影响,储层条件发育不均一性明显,而相同成藏背景但储层不发育的凸起,潜山地层中往往很难有油气聚集;同时油气由生烃洼陷向凸起带运移时,由于运移路径较长,沿途新生界储层对潜山油气的聚集具有一定的分流作用,油气耗损较大,故油气来源的充足与否也是其控制因素之一。

1.2.3 古近系油气成藏特征

古近系是渤海湾盆地的主要生储层系,据统计(蒋有录等,2020),古近系石油探明储量占总储量的 60%以上,已发现十余个亿吨级大油气田(池英柳等,2000;翟中喜等,2008;滕长宇等,2014)。随着油气勘探研究和勘探实践的不断深入,古近系已成为渤海湾盆地的重要储量增长区域。

1. 成藏条件

1)烃源岩特征

渤海湾盆地烃源岩主要发育于古近纪盆地裂陷期,其中孔店组和沙四段烃源岩发育期为盆地裂陷早期,各拗陷彼此分割,烃源岩发育相对局限,孔店组主要发育于盆地边缘凹陷,以黄骅拗陷孔南地区最为典型;沙四段主要发育于济阳、冀中、辽河等几个凹陷;沙三段沉积时期,渤海湾盆地经历快速沉降期,各拗陷发育特征趋于类似,在各拗陷均发育沙三段烃源岩,并且分布范围广,厚度大,是各个拗陷的主力烃源岩;沙一段及东营组烃源岩分布也较局限,主要分布于冀中拗陷、渤中拗陷盆地沉积中心位置。

2)储层特征

渤海湾盆地古近系整体上发育孔店组—沙四段冲积扇、扇三角洲砂砾岩储层,沙三段三角洲、浊积体砂岩、冲积扇-扇三角洲砂砾岩储层,沙二段三角洲、扇三角洲砂体储层,沙一段辫状河、三角洲砂体。

孔店组发育期渤海湾盆地进入初始裂陷期,受 NW 或 NWW 向断裂控制,裂陷区接受物源堆积，储层以冲积扇砂砾岩，扇三角洲砂岩为主，主要发育于孔店组底部，中上部为杂色砂岩与泥岩互层，与底部砂砾岩形成一套储盖组合。

沙四段地层具有两分性，早期沉积特征与孔店组类似，发育冲积扇、扇三角洲砂岩储层，晚期以盐湖为典型沉积特征。

沙三段沉积期渤海湾盆地发生大范围沉降，大部分地区均接受沉积。早期大范围湖盆发育，储层主要以浊积砂体为主，中后期三角洲、冲积扇、扇三角洲砂岩、砂砾岩储层大规模发育，三角洲前缘砂体及冲积扇砂砾岩是沙三段最重要的储层类型。以东营凹陷东部沙三中段发育的经典大型三角洲体系为例，砂岩累计厚度达 $100\sim400m$，其中三角洲前缘水下分流河道及河口坝砂体孔隙度达到 28.1%～31.4%，渗透率为 $88.3\times10^{-3}\sim955.1\times10^{-3}\mu m^2$（朱筱敏等，2008）。

沙二段沉积期各拗陷抬升强弱差异明显，造成沙二段沉积环境复杂，储层以砾岩、含砾砂岩、砂岩为主，不同拗陷沉积相带差异较大，以三角洲及河流相沉积较为常见。

沙一段沉积期渤海湾盆地在沙二末期沉积背景上继续稳定沉降，盆地整体接受沉积，多见碳酸盐混合沉积，储层主要发育于沙一段底部的辫状河粗砂岩、砾岩及上部的三角洲砂岩中。

3) 输导体系特征

古近系油气成藏主要为"源内"成藏，输导体系包括骨架砂体、不整合界面和断裂。骨架砂体是古近系成藏的重要因素，古近系向洼陷方向发育大规模砂体，大量砂体组成的通道也是油气集中汇聚向高部位运移成藏的重要保证；新生界底界面为渤海湾盆地全区发育的不整合界面，主力烃源岩多超覆其上，使新生界底界面成为油源收敛并横向运移的重要通道，同时沙三段末期渤海湾盆地全区抬升形成了沙三段顶部的不整合界面，该不整合界面也是古近系内部的一个重要横向输导体系；渤海湾盆地是新生代走滑伸展应力背景下形成的裂陷型盆地，各次级凹陷中心到凸起发生大规模的倾向滑动，发育大量走向大致平行的次级断裂，这些断裂一方面沟通烃源岩成为垂向运移通道，另一方面与不整合面及骨架砂体组成立体输导体系。

2. 成藏主控因素及成藏模式

1) 油气成藏主控因素

渤海湾盆地古近系沙河街组油气藏表现为典型的"源内"成藏，古近系发育的扇体多被烃源岩包围或直接与烃源岩接触，这种独特的"源内"生储盖组合导致古近系的油气成藏受运移和盖层条件影响较小，储层和构造条件是控制其油气成藏的主要因素。

(1) 储层条件控制古近系油气成藏规模及效率。

从储层发育规模来看，古近纪是渤海湾盆地的强烈断陷期，多期幕式断陷控制下广泛发育各类近物源砂砾岩扇体，大规模的砂体相较于临近的烃源岩是绝对的低势区，为形成大规模油气聚集奠定了良好基础。研究表明，储层发育规模对古近系油气成藏规模具有明显的控制作用，斜坡带和陡坡带是古近系各类扇体发育的理想场所，中斜坡位置相对于高斜坡和低斜坡一般是砂体主要发育区，大面积厚层砂体提供了巨大的储集空间，使中斜坡油气储量规模明显大于高斜坡和低斜坡(赵贤正等，2017)。

从古近系储层物性来看，古近系受埋深影响，储层物性相较于新近系通常受多种因素影响，埋深超过一定深度后次生孔隙作为主要储集空间的重要性凸显，同一深度或同一岩性储层物性通常会有巨大差异，导致油气只在物性占优的储集体中成藏。古近系砂体一般近源甚至被烃源岩所包绕，其自身的物性是成藏与否的重要因素，有研究表明，古近系砂体孔隙度达到 12%以上，渗透率大于 $1\times10^{-3}\mu m^2$ 才能冲注油气，储集性能越差，油气充注效率越低，甚至不能成藏(李丕龙等，2004)。

(2)构造运动对古近系油气成藏具有重要影响。

渤海湾盆地经受的多期构造运动对古近系油气成藏的形成和改造具有重要影响，古近纪经历了多期差异升降运动，发育众多不同规模、不同期次的大型断裂及其派生断裂，这些断裂不仅控制了盆地内部构造带的发育，还导致构造带内部构造严重复杂化，形成以断块为主的圈闭类型，也可与多期沉积砂体组合形成构造-岩性、岩性等圈闭类型，为古近系油气成藏提供了良好的储集空间。因强烈构造运动广泛发育的大断裂既为油气运移提供了通道，也为油气藏的形成提供了侧向封堵条件，同时，对油气藏形成也产生了不利影响，一是使早期形成的油气藏遭到破坏，油气沿断裂垂向运移至上部聚集成藏，二是造成油气大量散失。总的来看，受多期构造运动影响，在古近系形成了多种类型的圈闭，为油气聚集创造了极其有利的条件，形成了不同类型、大小不等的古近系油气藏。

(3)烃源条件控制古近系油气宏观分布。

烃源岩的发育特征对油气分布起着重要作用。古近系通常为源内成藏，运移距离近，油气富集区受烃源岩发育程度控制更明显，目前已发现的古近系油气藏宏观上均受优质烃源岩分布范围控制，绝大多数油藏都分布于主力生油层和生油中心附近，体现一个富烃凹陷对应一个油气富集环带的特征。另外，烃源岩类型和演化程度对成藏相态也有一定控制作用，渤海湾盆地东部生烃凹陷主力烃源岩热演化程度明显高于西部地区，受控于烃源岩质量和热演化程度，东部地区黄骅、渤中拗陷内均有大规模天然气田发现，而西部地区目前发现的均为油田，并且东部地区油气富集程度明显高于盆地西部地区。

2)油气成藏模式

渤海湾盆地古近纪多期断陷湖盆构造-沉积特征决定了其源储叠置发育的典型特征，同时也决定了源内自生自储为其最普遍、最重要的油气成藏模式。广泛发育的近源三角洲、扇三角洲砂体深入湖盆内部，直接与深湖相优质烃源岩接触，有些浊积砂体甚至位于烃源岩中心部位，在烃源岩生烃产生超压作用下直接向浊积砂体充注，各类规模性储层在烃源岩超压和烃类浮力作用下迅速就近捕获油气，形成源内的自生自储成藏模式。古近纪沉积砂体深入凹陷内部与烃源岩互层接触，烃源岩排出油气直接进入砂体内部形成油气藏，同时又起到盖层作用(孟卫工等，2016)。渤海湾盆地济阳坳陷浊积体油藏、黄骅坳陷岐北斜坡低斜坡岩性油气藏均属于此类成藏模式。

另外，渤海湾盆地古近系大多为箕状断陷结构，大批远源发育的沉积砂体在向凹陷中心方向卸载堆积的同时，在凹陷边缘或宽泛的斜坡位置随着水退水进同样会发育小规模优质储集体。盆地内横向发育的骨架砂体、不整合界面形成了烃类横向输导通道，并且与断裂相交形成立体输导体系。烃源岩达到生烃门限之后生成的烃类部分进入临近的砂体，沿骨架砂体向上倾方向运移，或者沿着不整合界面横向聚集输导，在生烃门限之上的储集体接受横向输导的油气充注，形成侧向运聚成藏模式(周立宏等，2013)。侧向运聚成藏模式常见于盆地宽缓斜坡带，黄骅坳陷岐北斜坡、济阳坳陷沙三段东营三角洲均是此类成藏模式的典型代表。

1.2.4 新近系油气成藏特征

自 20 世纪 80 年代以来，新近系已成为渤海湾盆地极为重要的油气勘探领域，先后发现了孤岛、埕岛、秦皇岛 32-6、蓬莱 19-3、渤中 25-1 南等一系列新近系大型油气田。渤海湾盆地新近纪整体处于坳陷阶段，河流相以及浅水三角洲相沉积体系控制下多发育优质储盖组合。新构造运动以来，郯庐断裂带、兰聊断裂带和太行山山前断裂带，以及张蓬断裂带、秦皇岛-旅顺断裂带再次活化，既有利于新近系各类圈闭的形成，同时也形成了沟通深浅层油气的优质输导体系，整体具有优越的成藏背景。

1. 成藏条件

1) 烃源岩特征

勘探实践证实，针对新近系油气藏而言，沙三段为最主要的烃源岩，沙一段、东三段也有重要贡献。特别是东营组烃源岩，受构造及沉降中心控制，成为渤海海域有别于陆上探区的另外一套重要烃源岩。

渐新世东营组沉积时，渤海海域成为盆地的沉积中心，为浅湖-半深湖相沉积，周边多为河流-浅湖相沉积。东三段半深湖相泥岩在渤海海域众多凹陷内发育，为一套优质烃源岩。新近纪热沉降阶段以来，渤海海域继续作为盆地的沉降-沉积中心，沉积了巨厚的新近系地层，促使东三段深湖相泥岩深埋成熟，并生成大量油气。

2) 储盖组合特征

渤海湾盆地陆上与海域新近系沉积特征有一定区别，储盖组合特征也有所不同。陆上新近系馆陶—明化镇组时期主要发育冲积扇、河流相等粗碎屑沉积体系，以沉积大规模砂砾岩为主要特征，砂体埋藏浅，成岩作用弱，物性好，有利于油气的储集，油气的成藏主要受控于泥岩盖层的发育。渤海海域新近纪期间，受沉降中心控制，海域部分地区出现滨浅湖相沉积，并广泛发育浅水三角洲沉积。其中馆下段沉积时期，湖盆范围较小，主要表现为河流沉积，发育粒度相对较粗的砂砾岩，分布较稳定，一般作为油气运移的横向输导层和仓储层；馆上段和明下段沉积期，河流相和浅水三角洲相均有发育，且垂向叠置，同时普遍发育区域厚层泥岩，与曲流河砂体、浅水三角洲平原分支河道砂体、前缘河口坝砂体共同组成多套垂向叠置组合。整体而言，渤海湾盆地新近系储盖组合较为发育。

3) 汇聚通道特征

渤海湾盆地新近系油气成藏不同于潜山、古近系，具有下生上储的成藏特征，为典型"源外"成藏，油气运移是新近系油气成藏最关键的要素。渤海湾盆地新近系油气运移通道包括不整合面、砂体及断层。由于油气要从深层运移进入浅层才能成藏，这些运移通道的空间组合形态控制了浅层能否成藏，这将是本书论述的核心内容。

2. 成藏主控因素及成藏模式

渤海湾盆地新近系的油气成藏模式与潜山和古近系不同，主要表现为典型的"源外"成藏，古近系烃源岩层与新近系储集层之间多被东营组区域性泥岩隔开，油气需穿过东营组区域性泥岩才能进入到新近系中成藏，因此，油气运移条件是渤海湾盆地新近系油气成藏的关键控制因素。

1) 运移输导条件是新近系油气成藏的主控因素

对于新近系的油气运移，前人做了大量研究并提出了许多理论认识。张善文、李丕龙等曾针对新近系油气成藏提出"网毯式"油气运移模式，指出了"网式"断层在新近系油气成藏中的沟通输导作用，油源通道网层由古近系中的断裂和不整合面组成，切入烃源岩的油源断裂在油气向上运移的过程中起单向阀作用，油源通道网层发育是浅层新近系成藏的基础和保障。邓运华等在渤海湾盆地长期的勘探实践中总结出了"中转站"油气运移模式，认为垂向活动断层是油气从深层向新近系运移的通道，指出断层只有与深层源内砂体有机配置才能有较强的输导能力，即形成大断层与"中转站"高效组合才能在新近系形成大中型油田。薛永安等(2018)通过渤海海域不同构造带新近系油气分布特征和富集规律的研究，在勘探实践的基础上进一步总结提出深层发育的汇聚脊是造成上覆新近系有利圈闭成藏的关键。

在垂向油源断层的沟通下，油气由深层被运移至浅层新近系。油气能否在新近系圈闭内最终富集、富集程度如何则主要依赖于断裂与新近系砂体的匹配程度。渤海湾盆地大量浅层勘探研究表明，新近系圈闭内油气的充满程度和油源断层与砂体的接触长度、接触面积及断-砂耦合中断层与砂体配置样式等多种因素相关。通过对断层和砂体的耦合效应研究(图1-5)后认为，剖面上反屋脊式的断砂组合关系更有利于油气聚集成藏，往往易形成上倾尖灭油气藏，而屋脊式对油气聚集不利。油源断层数量越多，砂体与断层的接触面越宽，油气充满度越高。王德英等研究认为，从断层-砂体的接触关系来看，包括断层与砂体产状一致的正向断层模式，油气往往在断层上升盘圈闭中富集，而断层与砂体产状相反的反向断层模式中，油气赋存在断层下降盘圈闭中。与断层接触附近砂体位置较低，向两侧均抬升的反屋脊式最有利于油气富集，与之相反的屋脊式油气富集成藏机会较小。

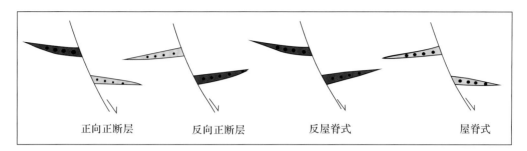

正向正断层　　　反向正断层　　　反屋脊式　　　屋脊式

图 1-5　断层和砂体的耦合效应

2)油气成藏模式

渤海湾盆地新近系油气成藏模式复杂多样,前人从不同角度根据构造带、断层活动、生储盖组合等方面提出过多种成藏模式。但是近年来随着勘探程度的提高、勘探领域的转变、地质条件的复杂化,新近系不同构造带油气勘探成效差异较大。通过对这些不同构造带新近系油气成藏模式进行系统梳理,并对各构造带成藏主控因素进行深入研究,本书提出了渤海浅层油气运移汇聚脊控藏模式。该模式对丰富和完善渤海海域新近系的油气运移理论,指导新近系不同构造带的油气勘探实践发挥了重要作用。

1.3 渤海海域浅层勘探简史

本书中浅层主要是指渤海湾盆地新近纪地层,包括馆陶组和明化镇组。浅层是渤海油田最主要的勘探层系,目前渤海油田已探明地质储量中,浅层占比约 78%。随着勘探程度的深入,渤海油田浅层油气勘探已由凸起带、陡坡带向缓坡带、凹中隆起带、凹陷区等复杂断裂带逐步推进,油气勘探历程可以分为 3 个时期。

1.3.1 以潜山、古近系为主,新近系为辅的起始勘探阶段(1966～1994 年)

20 世纪 80 年代渤海湾盆地陆上胜利和辽河油田在古近系相继获得重要发现后,渤海油田借鉴陆上油田成功勘探经验,展开了以古近系为主的勘探,认为大型披覆背斜是油气大规模聚集的有利场所,并将古近系东营组大型三角洲作为重点勘探对象,勘探靶区主要集中在辽东湾及渤西探区。同时,渤海油田积极推进对外合作,执行对外合作与自营勘探并举的勘探方针。多家外国公司在渤海海域进行了大规模的勘探投入,但均无商业发现,合作勘探遭遇挫折。虽然合作勘探总体成效不佳,却为渤海油田积累了丰富的地质资料和勘探经验,渤海海域大部分都有二维地震测网覆盖,重点地区实现了三维地震覆盖。在数字地震及小面积三维地震技术的运用下,自营勘探取得重要进展,陆续发现了绥中 36-1 和锦州 9-3 等油田。油气发现主要集中在辽东湾和渤西地区,发现地质储量近 8×10^8t,其中绥中 36-1 油田为渤海海域发现的亿吨级大型油田。由于对海域新近系油气成藏缺乏充分的认识,在借鉴陆地油田古近系勘探经验的阶段,新近系浅层发现油气地质储量仅为 1.4×10^8t,主要分布在海域西南部,以石臼坨凸起、埕北低凸起及歧口凹陷等为主,油田规模较小。这一阶段油气发现主要集中在古近系(图 1-6),占该时期已发现储量的 76%,新近系和潜山分别占已发现储量的 18% 和 6%。

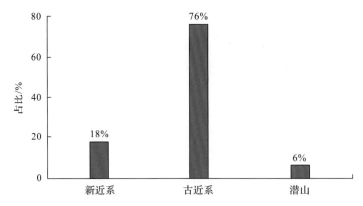

图 1-6　渤海油田浅层勘探起始阶段地质储量与层系分布图

1.3.2　以凸起区及陡坡带为主的勘探阶段(1995～2010 年)

以古近系为主的勘探时期虽然取得重要突破,但受储层物性及储层预测方法制约,整体成效不佳,且在随后的勘探中古近系未获得较大的突破,古近系勘探陷入沉寂期。在勘探实践中,渤海油田勘探者逐步认识到渤海海域晚期构造活动强烈,与周边陆区油田存在很大的差异,提出了一系列浅层油气成藏认识,包括"中转站"等油气运移模式等,建议勘探重点由古近系转向浅层新近系。同时,绥中 36-1 稠油油田的成功开发,对渤海油田稠油勘探和开发都具有重要的意义,对凸起区新近系油气勘探也起到了积极的推动作用。该时期渤海油田实行对外合作勘探与自营勘探并举的战略,三维地震资料已经覆盖渤海大部分地区,能够满足对渤海构造演化、烃源岩展布、浅层聚烃条件等开展系统研究的需求。分析认为,渤海海域晚期构造运动活跃,断裂控制了油气的运聚,是渤中拗陷及周边浅层油气成藏的关键因素。通过加强新近系的勘探力度,发现了歧口 17-2、渤中 25-1 南、秦皇岛 32-6、蓬莱 19-3 等众多新近系大中型油田,累计发现石油地质储量超过 $30 \times 10^8 t$,掀起了新近系勘探的高潮。该时期油气发现以浅层为主体,油气主要分布在新近系,占已发现储量的 69%(图 1-7),古近系和潜山分别占已发现储量的 23% 和 8%。

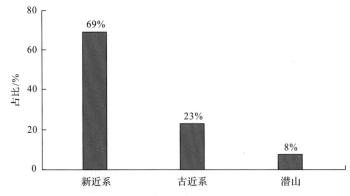

图 1-7　以凸起区及陡坡带为主的勘探阶段地质储量及层系分布图

1.3.3 以凹陷区复杂断裂带为主的勘探阶段(2011年至今)

随着凸起区勘探程度的增加,凸起区勘探目标钻探殆尽,复杂断裂带及浅层岩性油气藏成为主要勘探方向,渤海油田勘探人员通过深入分析近十年油气勘探地质资料,全面学习总结前人的成功经验和失败教训,提出并逐步完善汇聚脊油气运聚思想。渤海油田确立了以寻找规模型优质油气田为指导思想,将浅层勘探领域从凸起区转向复杂断裂带,勘探目标从构造型转为构造-岩性型,并逐渐转为岩性型。在区域研究、整体解剖的基础上,应用联片三维地震资料和配套勘探技术,成功发现了垦利6-1、渤中29-6、渤中36-1、曹妃甸12-6、渤中8-4等一批大中型高产优质油气田,这些油田的共同特点是油质轻、产量高,将成为渤海油田上产$4000 \times 10^4 t$的主力油田。这一阶段,油气主要分布在新近系,占已发现总储量的58%,古近系和潜山分别占已发现总储量的22%和20%(图1-8)。

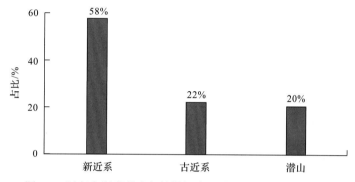

图1-8 以复杂断裂带为主的勘探阶段地质储量及层系分布图

渤海海域浅层油气勘探经历了从凸起区向凹陷区的转变,勘探目标从构造油气藏到构造-岩性油气藏,再到岩性油气藏的过程,复杂的地质条件导致油气勘探的成效差异极其明显,在这个过程中,凸起区勘探成功率明显高于凹陷区,构造型目标明显高于岩性型目标。实践表明,油气勘探的突破得益于石油地质理论认识的创新和勘探技术的进步,但最为关键的是理论认识创新。汇聚脊油气运移理论与控藏模式的提出,是针对渤海湾盆地浅层"源外"油气成藏(新近系、局部地区包括古近系东营组)建立的,其产生过程与意义包括三个方面:

(1)是在前人"源外"油气成藏的基础上提出的,特别是"中转站"油气运移思想,起到了引领作用,也是在对过去数十年渤海海域浅层勘探经验和失败教训的总结和学习的基础上提出的,因此基本解释了渤海海域及周边滩海地区浅层从凸起区到凹陷区各种类型油气运移问题,解释了多数浅层大中型油田及其油藏特征,也解释了一大批失利井的运移问题。

(2)是近十年来渤海浅层勘探的主要技术指导思想。由于凹陷区浅层油气运移要比凸起区更为复杂,在凹陷内斜坡区和复杂断裂带内钻探了很多失利井。近些年,在该思想的指导下,浅层探井成功率大幅提升,近5年上升到93%(图1-9)。特别是在过去多年多轮次勘探失利的地区发现了渤中 36-1、曹妃甸 12-6 等大中型油田，在没有构造圈闭的地区发现了亿吨级垦利 6-1 浅层岩性油藏。

(3)渤海海域地区是渤海湾盆地沉降沉积演化的最终归宿，造成渤海海域及周边滩海地区比周边陆区新近系发育更好的储盖组合，不但发育构造圈闭还发育大量的岩性圈闭，凹陷区浅层勘探目标的储层具有埋深适当、高孔高渗的特征，多高产中轻质油藏，这既明显区别于渤海油田过去凸起区的稠油低产油藏，也明显区别于我国其他地区的低渗低产油藏，是国内寻找轻质高产油气的主要地区和方向。汇聚脊油气运聚模式的提出为这些地区的勘探指明了方向，今后一段时期这些地区将是我国增储上产的主要战场。

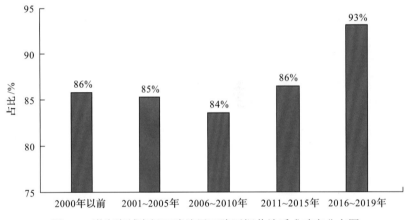

图 1-9　渤海海域富烃凹陷浅层凹陷区探井地质成功率分布图

第二章

汇聚脊控藏机理

2.1 概念与类型

2.1.1 概念提出

渤海海域是中国最主要的油气勘探发现区之一，浅层作为重要的勘探层系，已发现了大批亿吨级油田，石油地质储量占 60%以上(薛永安等，2016)。渤海湾盆地烃源层主要为古近系沙河街组，浅层储集层系一般为新近系明化镇组和馆陶组，两者之间被古近系东营组(多发育厚层泥岩)分隔，古近系沙河街组烃源岩生成的油气要汇聚起来并通过断层穿过东营组进入新近系才能成藏，显然，新近系油气藏为典型的"源外"成藏模式，油气运移是其成藏的"灵魂"。对于新近系油气运移成藏，前人做了大量的研究并提出了许多理论认识。20 世纪末期，龚再升等(2001)指出受新构造运动控制，新近纪时期，渤海海域是整个渤海湾盆地演化的归宿，是渤海湾盆地的沉积沉降中心，发育巨厚的新近纪地层。大部分地区馆陶组、明化镇组发育河湖交互相、湖相沉积，砂岩含量适中，储盖组合良好，且在烃源岩晚期排烃、晚期新构造运动及大规模断层活动的背景下，油气易向浅层运移成藏，因此新近系成为渤海油气成藏的主要层系。21 世纪初，邓运华(2004)提出了油气运移"中转站"成藏模式，指出了大断层只有与烃源岩内的砂体接触，才能成为油气运移的良好通道，深层源内砂体的油气运聚对浅层油气成藏有着重要的控制作用，这一认识解决了陡坡带边界断层下降盘附近浅层油气成藏的关键问题。

2010 年之后，随着勘探程度的深入，渤海海域新近系油气勘探已由凸起区和陡坡带向缓坡带、凹中隆起带和凹陷区复杂断裂带等逐步推进，但地质条件的复杂性导致油气勘探成效差异极其明显。在多轮次的浅层勘探过程中，虽然发现了大批亿吨级油田，但也钻探了大批空井或油气显示井。不同构造带新近系油气成藏模式，特别是浅层油气富集规律的认识不够明晰，不同构造带油气富集的控制因素和预测方法缺少系统总结和深入研究，不利于海上高成本油气勘探。

笔者在总结前人勘探认识和经验的基础上，结合近些年勘探实践，深化研究浅层油气成藏规律，明确了传统的浅层油气成藏研究多注重断层对油气运移作用的分析，而忽略了烃源岩内油气初次运移和二次运移的过程。要解决浅层油气运移的问题，既要把烃源岩生成的分散油气汇聚起来并向目标构造方向运移，即解决"汇"的问题，也要使油气在深部集中并向浅层目标圈闭内进行优势充注，即解决"聚"的问题，只有满足"汇"和"聚"两大要素，浅层才能形成规模型的商业油气藏。在进一步吸收"中转站"油气运移思想的基础上，提出了汇聚脊油气运移理论与控藏模式，指出浅层构造大量获得从深层运移上来的油气，形成大规模商业聚集，需要在浅层构造下方存在汇聚脊，并与油气运移断层形成有效配合。与传统研究方法相比，汇聚脊油气运移理论与控藏模式研究更注重烃源岩内或与之相连接的高效渗透层(不整合面和砂体)对油气运移的汇聚作用，并强调汇聚脊与油气运移断层的联控作用才是浅层油气运移成藏的关键。

汇聚脊是指浅层构造下方具有脊状或似脊状的深层地质体,是顶面或内部具有层状且与烃源岩大面积接触的分布广泛的渗透层。

汇聚脊具有两个特点:

(1)汇聚脊本身是一个低势区,以汇聚通道(不整合面、砂体和断裂)连接烃源灶,能使烃源岩生产的油气从四周向低势区长期运移汇聚。

(2)汇聚脊是深层油气侧向运移的"终止"点,当汇聚脊上沟通深层与浅层的断层活动时,油气沿断层与砂体的组合通道向浅层垂向运移,聚集形成浅层油气藏。如果汇聚脊的储集空间足够大(如陡坡带砂体),则汇聚脊本身可以形成深层油藏,并控制浅层的油气富集;如果汇聚脊没有足够大的储集空间(如不整合面),则汇聚脊主要控制浅层油藏的运聚作用(图2-1)。

汇聚脊并非传统意义上的"构造脊""断面脊"的概念(刘惠民,2009;蒋有录等,2011),强调的是渗透性脊状地质体。

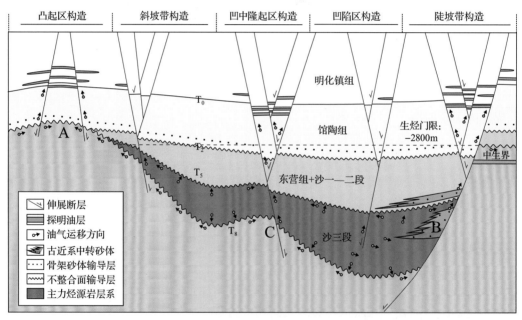

图 2-1 渤海海域汇聚脊发育与浅层油气富集
A 类-凸起型汇聚脊;B 类-陡坡砂体型汇聚脊;C 类-凹中隆起型汇聚脊

2.1.2 类型划分

根据汇聚脊构造形态和构造位置,可将汇聚脊划分为 3 类:凸起型汇聚脊(A 类)、陡坡砂体型汇聚脊(B 类)和凹中隆起型汇聚脊(C 类)(图 2-1)。

依据渤海海域构造带特征,浅层新近系构造可划分为 5 种类型,分别为凸起区构造、缓坡带构造、陡坡带构造、凹中隆起区构造和凹陷区构造(图 2-1)。但在其下部深层，能提供大量油气的汇聚脊只有 3 类，对应凸起区、陡坡带和凹中隆起区 3 种不同的浅层构造带(表 2-1)。缓坡带和凹陷区的汇聚脊一般不发育，或发育隐伏型汇聚脊。

表 2-1　渤海地区二级构造带油气运移汇聚脊类型与分布

二级构造带	汇聚脊类型	组成元素	典型油藏剖面	浅层圈闭类型	汇聚脊面积与油田分布		
					代表性油田	汇聚脊面积/km²	储量丰度/(10⁴t/km²)
凸起区	汇聚脊发育	凸起型	不整合面、背斜背景、晚期活动断裂		背斜、断鼻	秦皇岛32-6油田	65	472.7
						南堡35-2油田	30	284.3
						蓬莱19-3油田	69	567.9
陡坡带		陡坡砂体型	古近系砂体、边界大断层、派生断裂		断块、断鼻	曹妃甸6-4油田	33	224.1
						渤中3-2油田	12.1	293.4
凹中隆起区		凹中隆起型	倾没端高地、反转洼中隆、晚期活动断裂		断块、断鼻	曹妃甸12-6油田	41	261.9
						渤中8-4油田	26	377.9
缓坡带	汇聚脊不发育			构造-岩性、岩性	秦皇岛32-7构造	无	见显示
凹陷区				断块	海中3井区	无	见显示

(1)凸起型汇聚脊。

凸起型汇聚脊主要发育于凸起区。大规模不整合面、内幕渗透性储集体和晚期活动断裂是其主要组成要素。这类汇聚脊一般面积较大，浅层主要发育背斜、断背斜和断鼻构造，汇聚油气能力强，浅层油气成藏规模大，一般形成亿吨级的大油田。

(2)陡坡砂体型汇聚脊。

陡坡砂体型汇聚脊主要发育在陡坡带大断层下降盘，古近系砂体和陡坡带凹陷边界大断层及其派生断层是其主要组成要素。陡坡区古近系近源砂体一般较为发育，沉积类型多为近源扇三角洲，紧邻或者处于烃源岩中，有利于近源汇聚油气。渗透性古近系砂体与大断裂凸面相接处的体积大小控制其汇聚能力。这类汇聚脊一般面积中等，浅层主要发育断块、断鼻构造。汇聚油气能力相对较强，也会形成亿吨级大油田。

(3)凹中隆起型汇聚脊。

凹中隆起型汇聚脊主要发育于生烃洼陷内古地貌隆起区。倾没端高地、反转洼中隆和晚期活动沟通隆起高部位的大断裂是其主要组成要素。这类汇聚脊一般面积不是很大，浅层主要发育复杂断块圈闭。汇聚油气能力较强，在浅层大型、中型和小型油田均可形成，但一般以中型油藏为主。

缓坡带及凹陷区浅层构造的下方，深层一般不存在大规模汇聚脊。尽管有的地方断裂活动强度大，浅层圈闭条件较好，但由于深层无汇聚脊，导致浅层一般不能形成油气的富集。但在斜坡构造背景上，可能发育隐伏型汇聚脊，汇聚脊形态比较宽缓，汇烃面积较大，汇聚油气能力较强，在浅层也可形成规模型油气田。

2.2 汇聚油气机理

2.2.1 汇聚通道

汇聚通道是指含油气盆地中连接烃源岩和圈闭、在油气运移过程中所经历的所有通道网络。汇聚通道一般包括不整合、砂体和断层 3 种类型。对于断层而言，汇聚脊油气运移模式强调，连接圈闭的断层必须与下方汇聚脊联合输导，才能在浅层形成油气藏。

1. 不整合型汇聚通道

不整合是指因地壳运动影响而使同一地区的上、下岩层间出现明显的沉积间断或古生物演化序列上的不连续接触关系。不整合代表了长期的抬升、风化剥蚀及大气、水风化淋滤，使遭受风化作用的地层形成风化裂缝，增大了地层孔隙性。由于长期暴露风化，在风化地层之上常形成风化黏土，其渗透性较差，可以作为盖层，形成上部遮挡。由此风化地层具备油气成藏的储盖条件，可形成各类油气藏。

对于渤海湾盆地，不整合型汇聚通道指的是古近系沙河街组烃源岩上下的两个大不整合面，即新生界底不整合(T_8不整合)和沙河街组二段底不整合(T_5不整合)，其对油气汇聚成藏具有重要的控制作用。

T_8不整合形成于中生代末至新生代古新世期间的区域构造抬升阶段。在空间上一般具有 3 层结构，即不整合面之上的底砾岩、不整合面之下的风化黏土层及风化黏土层之下的风化岩层(图 2-2)，其中半风化岩层能作为油气横向运移的输导层。从已钻井来看，中生界火山岩、碎屑岩、花岗岩，古生界碳酸盐岩和太古界变质岩的风化岩层均发育良好的溶蚀孔洞和裂缝，可为油气长距离横向运移提供优势通道。此外，钻井揭示 T_8不整合之上常发育东营组—沙河街组厚层稳定的区域泥岩盖层，对油气向上溢散起到了屏蔽作用，保证了油气沿着风化岩层进行长距离横向运移。渤海海域在低位潜山和高位潜山发现了大量油气藏，也证实了不整合面是油气横向运移的高效输导通道。T_8不整合面之上多为沙河街组成熟烃源岩，不整合面与烃源岩的接触面积最大，是烃源岩生产的油气发生初次运移最主要的汇聚通道。

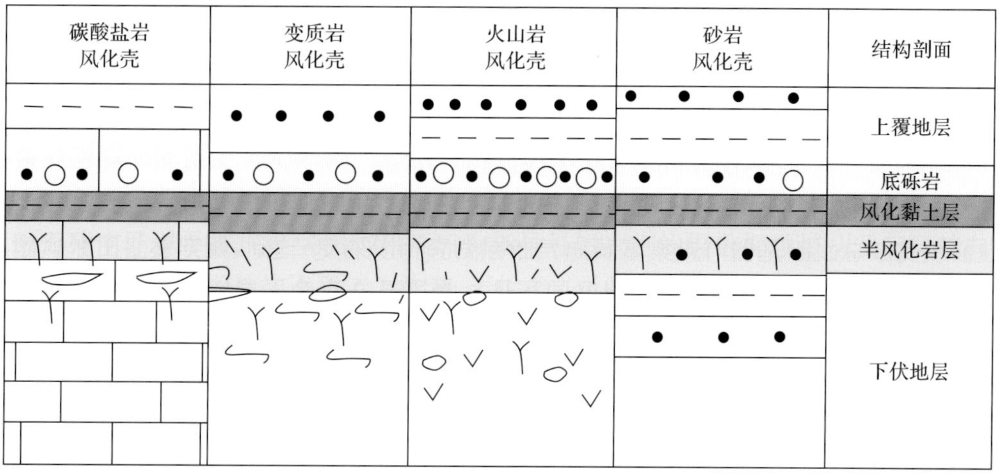

碳酸盐岩 风化壳	变质岩 风化壳	火山岩 风化壳	砂岩 风化壳	结构剖面
				上覆地层
				底砾岩
				风化黏土层
				半风化岩层
				下伏地层

图 2-2　不整合面结构图(据毛治国等，2018，修改)

T₅ 不整合面形成于喜马拉雅运动Ⅲ幕的构造抬升阶段，与上覆沙河街组二段砂体输导层配合，构成了深层油气侧向运移的重要输导通道。该输导层下伏为沙河街组烃源岩，上覆为沙河街组一段、二段或东营组泥岩，是仅次于 T₈ 不整合面的第二种高效汇聚通道。

2. 砂体型汇聚通道

砂体是最普遍的一类汇聚通道，在石油地质及油气运移研究中占据非常重要的地位。砂岩汇聚通道是由连通的砂体组成的，砂体连通是指砂体在空间上的相互接触形成的形态连续性及其形成的渗流连续性，它是油气在砂体中发生流动的前提。

渤海湾盆地砂体型汇聚通道主要指的是陡坡带古近系砂体，能高效地汇聚临近洼陷烃源岩生成的油气。陡坡区古近系发育扇三角洲或辫状河三角洲沉积体系，砂体常位于烃源内或与烃源岩直接大面积接触。扇三角洲和近岸水下扇含砂率在 50%～70% 之间，具有很好的连通性，不仅是源内、近源油气运移的主要输导层，也是源内、近源油气汇聚的主要场所。砂体型汇聚通道与烃源岩接触面积受控于砂体大小和成熟烃源岩分布范围，汇烃面积小于 T₈ 与 T₅ 不整合面，是源内第三种高效的汇聚通道。

目前，结合理论研究及油气田勘探实践，国内外学者将砂岩汇聚通道连通性分为几何连通性和流体(动力学)流通性。在砂体型汇聚通道研究中，首先要关注其几何连通性。几何连通性是指不考虑断裂连通作用，砂体之间直接接触的连通特征。它是一种静态的、空间几何学上的连通。表征砂体几何连通性最有效的参数是砂体物性，包括孔隙度和渗透率。有效孔隙度指砂体内连通的孔隙所占的体积，其数值越大代表砂体连通程度越好、毛细管阻力越小。渗透率是砂体连通程度最直接的表征参数，渗透率越大表示砂体连通性越好。然而，在实际应用中，孔隙度和渗渗率数据需要通过岩心测试获得，数据量往往非常有限，无法用来反映某一研究区砂岩汇聚通道整体的物性变化规律。因此，在研究及生产过程中常用"砂地比"或"净毛比"来评价砂体汇聚通道的连通性。砂地比是指储层砂岩厚度与地层厚度的比值，净毛比一般是指有效砂岩厚度与砂岩厚度的比值，两者有时也通用。裘亦楠(1991)在对我国陆相沉积盆地砂体连通性的研究中发现，河道砂体砂地比达到 30%时开始连通，达到 50%后完全连通，但不同地区可能存在差异。罗晓容等(2012)分别对塔中地区志留系柯坪塔格组砂岩汇聚通道和渤海湾盆地东营凹陷牛庄洼陷南部斜坡沙河街组汇聚通道研究时发现砂地比大于 20%时储层开始连通，而当大于 50%时，几乎完全连通(图 2-3)。另外，砂地比还同时反映了砂岩厚度及地层厚度的变化趋势，是目前油气在砂体运移研究中较为重要的参数。

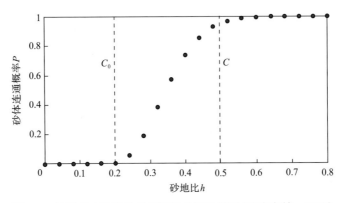

图 2-3　输导层内砂岩体几何连通性评估模型(罗晓容等，2012)

3. 断层型汇聚通道

断层是油气从深层垂向运移到浅层的桥梁，对油气运聚和分布具有极为重要的控制作用。断层幕式活动控制流体间歇排放(华保钦，1995；赵密福等，2001)，断层幕式活动期间的地震泵效应使包括烃类在内的流体被间歇地从源内通过断裂抽到源外的储层当中，这是流体沿断层运移的最主要的方式(吕延防等，1997)。渤海断层众多，但并不是所有的断层都具有大规模油气汇聚能力，形成断层型汇聚通道。

笔者通过对渤海海域数百口探井及数十个油田的研究，总结了断层型汇聚通道形成条件。断层作为油气运移的重要通道，只有与下方的汇聚脊连接，才能发挥作用。根据贯通断层(贯通汇聚脊和浅层的断层)与汇聚脊的搭接方式将贯通断层划分为 3 种类型：I 型切割深层汇聚脊贯通断层、II 型切割汇聚路径贯通断层和III型切割至烃源岩但未切割汇聚脊的贯通断层(表 2-2)。

I 型切割深层汇聚脊贯通断层，此种类型占凹陷区浅层油气成藏的 68%，深层汇聚脊油气汇聚规模越大，断层活动性越强，浅层油气成藏规模越大。

II 型切割汇聚路径贯通断层，即运移断层没能切割到汇聚脊正上方，而是切割至汇聚脊侧翼，此种类型占凹陷区浅层成藏的 22%，受汇聚脊汇聚油气规模和断层活动性共同控制，浅层也可形成规模型油藏。

表 2-2　贯通断层脊断耦合条件分析表

断层模式	I 型切割深层汇聚脊贯通断层	II 型切割汇聚路径贯通断层	III 型切割到烃源岩但未切割汇聚脊的贯通断层
剖面特征			
平面特征			
储量丰度/(10^4t/km²)	800	320	20
典型钻井	蓬莱 7-F-1 井（全井 71.3m 油层）渤中 8-D-7d 井（全井 137.9m 油层）曹妃甸 12-F-1 井（全井 109.4m 油层）	渤中 23-C-1 井（全井 25.2m 油层）曹妃甸 6-A-2 井（全井 36.5m 油层）	蓬莱 20-A-1 井（全井无油气显示）渤中 23-B-1d 井（全井 11.2m 含油水层）

III 型切割至烃源岩但未切割汇聚脊的贯通断层，此种类型的断层虽然连接了烃源岩与浅层圈闭，但不能成为有效的汇聚通道，无法大规模输导油气，浅层一般难以形成油藏或油藏规模小。

对比三种贯通断层的浅层油气成藏规模，I 型和 II 型贯通断层的浅层油气成藏概率较大、油藏规模大，表明在汇聚脊和断层联合控制下，油气可以向浅层大规模运移充注；III 型贯通断层的浅层油气不能成藏或成藏概率小，表明在仅有断层的控制下，油气不能向浅层高效输导油气。

断裂汇聚流体的行为受超压和构造活动共同控制，构造应力和超压均可以引起断裂开启。当构造应力或孔隙流体压力积累到超过断裂的门限开启压力时，断裂活动，伴生裂隙开启，断裂附近应力得到释放，断裂带孔渗性增强，内部形成相对负压，导致汇聚脊中的流体向断层中运移。与断裂沟通的汇聚脊中超压的存在，则加速了流体向断裂带的运移，使其发生"地震泵"抽吸作用(图 2-4)。对于构造活动较强的渤海地区，地层压力难以达到破裂压力，因此断裂对油气的输导能力主要受构造控制(彭靖淞等，2016)。成藏期断裂活动性越强，断层型汇聚通道的"泵吸作用"就越强，浅层的油气充注成藏就会越活跃。

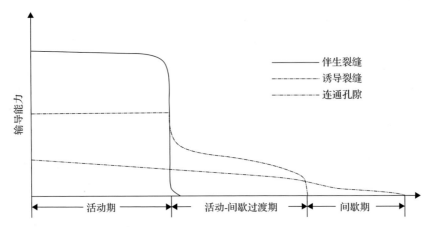

图 2-4　断裂不同演化阶段输导通道和输导能力的变化关系图(据孙永河等，2007，修改)

　　陡坡带、凹陷区贯穿断层成藏期断距与浅层地质储量占比关系统计结果显示，成藏期断距越大，浅层储量百分比越大，汇聚脊向浅层充注油气的能力越强。成藏期断距 80m 是陡坡带、凹陷区汇聚脊向浅层充注的门限，断距小于 80m 难以向浅层充注油气，断距大于 80m 时，容易形成断层型汇聚通道，并在浅层发生油气充注(图 2-5)。

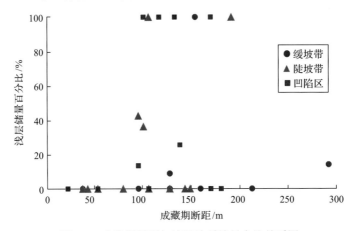

图 2-5　成藏期断距与浅层地质储量占比关系图

　　对于断裂而言，由于断裂带内部结构复杂，断层面往往凹凸不平，油气在断裂带中将沿着某一有限的通道空间运移，遵循沿最大流体势降低方向运移并集中在最小阻力的路径上。因此，油气并非沿整条油源断裂运移，同样也存在着优势运移通道。换言之，断层型汇聚通道受断面几何形态的影响，具体可分为以下 3 种情况(图 2-6)：①平面断层不改变油气运移路径，油气自入口点开始路径始终保持不变，优势运移通道不明显；②凹面断层使流线向上呈发散状，无优势运移通道；③凸面断层流线汇集形成垂向的优势运移通道。显然，断层凸面脊不仅为低势区，而且能使油气发生汇聚，是油气沿断层面输导的优势通道。油气首先向断层凸面脊汇聚，再沿着脊垂向运移。

渤海海域油田和含油气构造统计结果表明，断层以凸面运移的成藏概率比凹面运移高20%，因此断面凸面脊更容易形成断层型汇聚通道。根据三维可视化断层形态及埋深变化可以快速确定出断面的"鞍部"和"脊部"（图2-7），再根据断面脊可以预测断层型汇聚通道在断面上的优势汇聚位置。

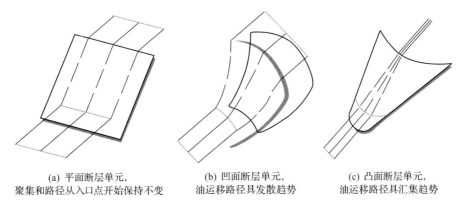

(a) 平面断层单元，　　　　(b) 凹面断层单元，　　　　(c) 凸面断层单元，
聚集和路径从入口点开始保持不变　油运移路径具发散趋势　油运移路径具汇集趋势

图2-6　断层面的形态对油气二次运移路径分布的影响

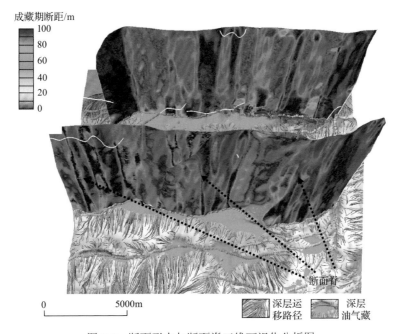

图2-7　断面形态与断面脊三维可视化分析图

　　此外，由于渤海海域东营组下部发育巨厚泥岩，一方面可作为深层汇聚脊成藏体系的上覆盖层，另一方面也阻碍了深层汇聚脊油气向浅层运聚成藏（张善文等，2003；邓运华，2005）。换言之，区域盖层受到破坏，油气常能突破区域盖层是浅层油气充注的必要条件。受新构造运动影响，渤海海域晚期断层活动性强，常能突破区域盖层运移至浅层。可利用盖层断接厚度（盖层厚度–贯通断层断距）定量评价断裂活动中盖层的

残余封盖能力，盖层断接厚度越小，深层汇聚脊的破坏程度就越大，油气向浅层的充注也就越活跃。通过统计渤海海域盖层断接厚度与浅层油气藏储量占比的关系，可见当盖层断接厚度大于 400m 时，浅层的储量占比较小，以深层成藏为主；当盖层断接厚度小于 400m 时，浅层的储量占比较大，以浅层成藏为主(图 2-8)。由此可知，盖层断接厚度越小越有利于浅层成藏，盖层断接厚度小于 400m 是汇聚脊盖层破裂形成断层型汇聚通道的必要条件。

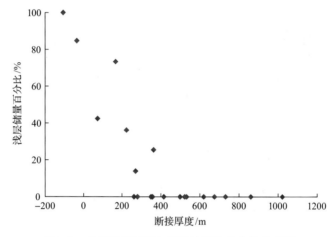

图 2-8 盖层断接厚度与浅层地质储量占比关系图

2.2.2 汇聚样式

渤海海域主要发育不整合型、砂体型和断层型三种类型的汇聚通道，在不同构造带又可相互组合形成多种汇聚样式。根据汇聚脊和汇聚通道发育的位置及其相互匹配关系，可划分为凸起区、陡坡带、缓坡带和洼陷区四种汇聚样式(图 2-9)。

1. 凸起区汇聚样式

凸起区是大规模汇聚脊的主要发育区，主要由 T_8 不整合和断层等汇聚通道组合形成，发育背斜型汇聚样式，凸起的汇聚脊为四面下倾，汇聚面积大，汇聚能力强[图 2-9(h)]，浅层构造油气富集。

2. 陡坡带汇聚样式

陡坡带汇聚样式主要由 T_8 及 T_5 不整合、砂体和断层共同组合形成，可进一步划分为大规模储集体型、陡坡断阶型和分隔槽中心型 3 种类型。

(1)大规模储集体型汇聚样式[图 2-9(a)]，当陡坡带大断层的下降盘发育大规模与烃源岩接触的储集体时可形成油气有效汇聚，汇聚能力受控于储集体与烃源岩的接触面积，接触面积越大，汇烃的能力就越强。

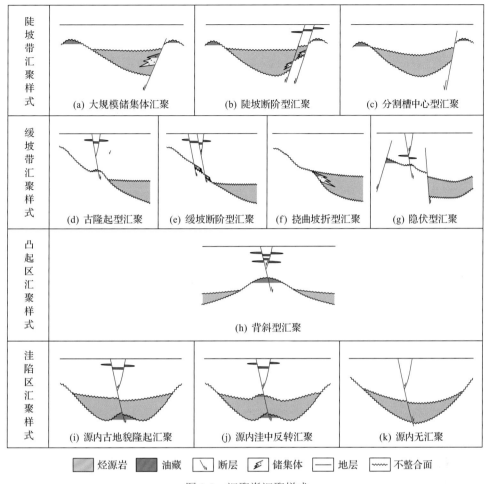

图 2-9 汇聚脊汇聚样式

（2）陡坡断阶型汇聚样式[图 2-9（b）]，陡坡带多条断裂呈断阶式持续发育，砂体发育，规模较大，分隔槽的轴线更偏向盆地中心，陡坡砂体与烃源岩接触范围广，油气向陡坡汇聚的量变大。断阶带由于受断距控制，不整合面的运移受阻，砂体成为油气汇聚主要通道，同时也容易发育多个小规模储集体形成小型汇聚脊。陡坡断阶型汇聚样式实际上是多个小规模汇聚脊的组合。

（3）分隔槽中心型汇聚样式[图 2-9（c）]，受后期构造抬升影响，陡坡砂体不发育，生烃中心远离陡坡带，与烃源岩接触的两个大的区域不整合面呈双向抬升，规模较大，这导致陡坡带的汇聚能力有所增强，进一步形成有效汇聚，但此类汇聚较不常见。

3. 洼陷区汇聚样式

洼陷区汇聚样式主要由 T_8 及 T_5 不整合和断层共同组合形成，可进一步划分为源内古地貌隆起汇聚、源内洼中反转汇聚和源内无汇聚型。

（1）源内古地貌隆起汇聚。由于古地貌隆起区被沙河街组烃源岩包围且长期接受油气运移，汇聚能力强[图 2-9(i)]，长期活动性断裂切割汇聚脊，有利于油气向上运移，在浅层聚集成藏。

(2)源内洼中反转汇聚。早期不发育古地貌隆起，后期由于构造反转作用，在烃源岩内或被烃源岩围限的地区形成反转构造，这种类型的构造可以接受油气汇聚[图 2-9(j)]。构造反转区一般晚期断裂发育，油气易于在浅层成藏，但其汇聚能力与反转定型时期及反转规模关系较大。

(3)源内无汇聚。尽管断裂活动强度大，浅层构造发育，但由于深层无汇聚导致浅层没有好的油气发现[图 2-9(k)]。

4. 缓坡带汇聚样式

缓坡带的油气大多呈现"汇而不聚"，整体的油气汇聚能力相对较弱，但在一些特殊地段也可发育古隆起型、缓坡断阶型、挠曲坡折型、隐伏型 4 种汇聚样式。

(1)古隆起型汇聚。在源外斜坡上发育古地貌隆起，且侧向砂体不发育[图 2-9(d)]，油气运移至此可形成有效汇聚。

(2)缓坡断阶型汇聚。类似于陡坡断阶型汇聚，表现为系列汇聚脊的组合[图 2-9(e)]。

(3)挠曲坡折型汇聚。由于地层、储层在挠曲坡折处变化而导致油气有效汇聚[图 2-9(f)]，但由于晚期断裂多不发育，油气很难进一步垂向运移至浅层成藏。

(4)隐伏型汇聚。主要发育在斜坡构造背景，汇聚脊呈单面下倾，汇烃面积较小，汇聚能力相对较弱[图 2-9(g)]，浅层可以形成规模型油气藏。

2.2.3 汇聚脊汇聚油气机理

1. 汇聚脊单元划分

汇聚脊油气运移所能控制的范围为汇聚单元。汇聚单元是盆地中具有共同的油气生成、运移和聚集历史和特征的，具有成因联系的一组渗透性地质体及为其提供烃源的有效烃灶集合体(柳广弟等，2003)。它是有效的烃源岩、优势运移通道、有效的储集层、有效的盖层等要素和油气的生成、油气的运聚等成藏作用在时间和空间上的有机组合。单一汇聚单元可以有多个有效的烃源岩体为其供烃，汇聚单元本身可作为输导通道，内部也可能发育油藏或者古油藏。汇聚单元的边界是油气运移的高势分隔槽，因此，汇聚单元的划分重点是确定分隔槽的位置。

分隔槽是由储集层油气势能等值线的几何形态决定并控制油气运移方向的一条界线。界线两侧油气分别向相反的方向运移。在一个盆地中，除非储集层中油气势能等值线为绝对的圆形，分隔槽可退缩为中心的一点，否则它总是将盆地划分为若干个单元(图 2-10)。在每一个单元中，油气都将按照该单元中油气势能等值线的法线方向进行运移，并在适当的圈闭中聚集成藏。每一个单元都应是一个独立的油气汇聚单元，其他任何单元的油气对其油气成藏不起作用。按着含油气系统的概念，被分隔槽划分出的每一个单元就应该是一个相对独立的含油气子系统。

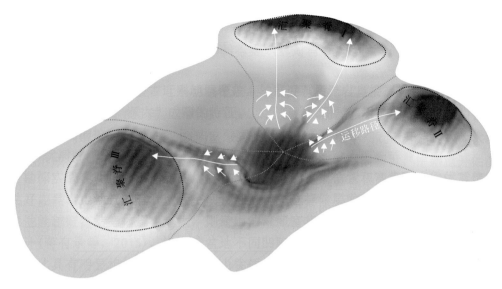

图 2-10　油气运聚单元的概念

　　油气运移的分隔槽，由油气主要成藏期(油气系统的关键时刻)主要含油气层系顶面流体势图上的高势面所确定。高势面往往是确定盆地中心凹陷区运聚单元边界的主要依据(柳广弟等，2003)。根据流体势场图可以较容易地划分油气运移分隔槽(赵文智等，1996)，分隔槽两侧是不同的汇聚单元。

2. 汇聚机理分析

　　为了厘清汇聚脊内的运移机制，尝试通过模型来分析油气从烃源岩运移进入渗透层(初次运移)及之后在渗透层二次运移汇聚的过程。图 2-11 为设计的一个箕状断陷的模型，其中图 2-11(a)、(c)为模型化箕状凹陷剖面，图 2-11(b)、(d)为对应的平面模型。与沙河街组烃源岩相连接，且能够接受烃源岩中初次运移油气的渗透性地质体有 4 类：不整合面 T_5、不整合面 T_8、砂体 C 及断层 F。假设该凹陷面积 100km^2，等轴分布，即东西、南北各长 10km^2，其东侧为大断层 F，断层根部凹陷最深，向西逐步抬升，烃源岩在断层部位最厚为 100m，西侧厚度为 0m。烃源岩上、下界面分别为 T_5、T_8 不整合面，在西、东两侧各有一构造圈闭 A 和 B，圈闭面积均为 10km^2。下面分析油气初次、二次运移过程及两个圈闭捕获油气的机会。

　　(1)箕状凹陷模型中，断层下降盘无砂体情况。

　　烃源岩中生成的油气最初排出进入其邻近渗透层发生初次运移。图 2-11(a)烃源岩中油气分子能够进入的渗透层有 3 种：上、下界面的 T_5 和 T_8 不整合面及东侧的断层 F，从图 2-11(b)中可以计算油气初次运移进入的 3 个渗透层面积分别为

$$T_5 \text{面积} \approx 10\text{km} \times 10\text{km} = 100\text{km}^2$$

$$T_8 \text{面积} \approx 10\text{km} \times 10\text{km} = 100\text{km}^2$$

断层 F 面积≈0.1km×10km=1km²

油气在 3 个渗透层汇集,发生油气二次运移。从图 2-11(a)可见,由于 T_5 和 T_8 不整合面西侧一直抬升为低势区,油气向西运移进入圈闭 A 成藏,而断层 F 渗入油气发生二次运移的方向是浅层,进入圈闭 B 成藏。在图 2-11(a)模型假设的情况下,能够为圈闭 A 与圈闭 B 提供油气运移的汇油面积比例为

A 汇油面积:B 汇油面积=(100+100):1=200:1

也就是说,典型箕状凹陷中生成的油气主要通过烃源岩上、下的不整合面发生二次运移汇聚,在图 2-11(a)模型假设的情况下主要向西进入圈闭 A 成藏,而圈闭 B 难以通过断层获取大量油气成藏。

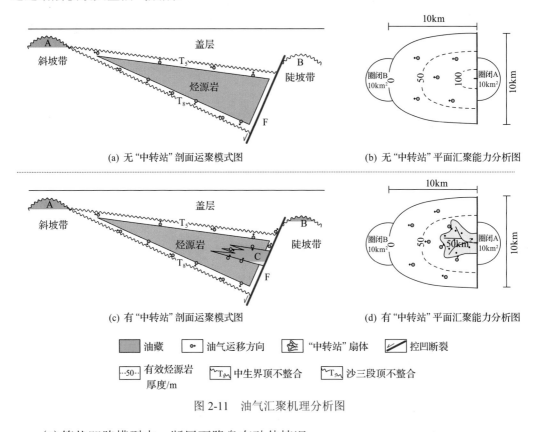

(a) 无"中转站"剖面运聚模式图   (b) 无"中转站"平面汇聚能力分析图

(c) 有"中转站"剖面运聚模式图   (d) 有"中转站"平面汇聚能力分析图

图 2-11 油气汇聚机理分析图

(2)箕状凹陷模型中,断层下降盘有砂体情况。

在图 2-11(c)中,烃源岩中油气分子能够进入的渗透层有 4 种:T_5 不整合面、T_8 不整合面、东侧的断层 F 和砂体 C。在图 2-11(c)模型假设的情况下,由于断层 F 根部有较大面积的砂体存在,而砂体表面积大,呈指状伸入烃源岩并与断层 F 相连,进入砂体的油气在断层开启时可以为圈闭 B 供油。假设砂体面积为 50km²,其上、下表面积之和为

50km²+50km²=100km²

此时为圈闭 A 与圈闭 B 提供油气运移的汇油面积比例为：

$$A 汇油面积：B 汇油面积=(100＋100)：100=2：1$$

但实际沉积砂体的空间展布呈指状伸入烃源岩，其与烃源岩接触的汇油面积要远大于 $100km^2$。这种情况下，尽管圈闭 A 可获得的汇油面积仍然大于圈闭 B，但后者能够接受二次充注的机会大幅提高。

由此可见，初次运移对砂体、不整合面和断层的选择是二次运移的起始。初次运移对汇聚通道的选择不同，油气在陡坡带和缓坡带的汇聚就会不同。砂体的存在改变了烃势的分布，让陡坡带烃势大大下降，扩大了汇烃单元和汇烃量。

3. 暖气片效应与汇聚组合

日常生活中，我们很容易观察到"暖气片"效应。当一个建筑物的采暖系统为地采暖，由几个地采暖组成，我们在其加入一组暖气片，如果每个组合的阀门同时打开，当房间温度达到平衡后，接入暖气片的房间会最热，而其他由地采暖组合的房间温度较低。这是因为在这个流体封闭系统的数个回路中，暖气片回路从进水到出水距离最短，流体所受的阻力远小于经过长距离、有许多来回弯路的地采暖组合，大量热流体直接从进水口快速通过暖气片回路出水口排走，而没有或只有少量热流体经过长距离流动从地采暖组合中经过，这个现象拟称为"暖气片"效应。油气在通过汇聚通道组合时，也遵循"暖气片"效应，造成有些断层可沟通油源，有的断层则不能。

汇聚机理分析说明了插入烃源岩中的断层 F（图 2-11）在不同情况下能否促进油气发生大规模二次运移的问题，而有的断层并未插入烃源岩，只在斜坡部位和凸起部位与不整合面接触，下面结合图 2-1 中汇聚脊类型分析汇聚组合。

图 2-1 中凹陷区构造的组成断层相当于图 2-11 中的断层 F 类型，根部位于凹陷中央，且无脊状形态，未发生过大规模初次运移和二次运移，为无效汇聚组合，该类构造无油气汇聚。

图 2-1 中缓坡带构造的组成断层与不整合面 T_8、T_5 相接，油气在 T_8、T_5 不整合面及断层组成的封闭系统中运移，在油气运移到达不整合面与断层连接时，发生"暖气片"效应，由于不整合面为高效渗透层，油气在其中运移的阻力要远小于在断层中运移的阻力，因此油气不能进入该处断层，而是直接沿不整合面向凸起部位运移，因此该处缓坡带构造不能捕获油气而成藏，此处亦为无效汇聚组合。

图 2-1 中凸起区构造、陡坡带构造及凹中隆起区构造的组成断层分别与其下方的不整合面 T_8、T_5 或砂体连接，由于这三类高效渗透层都发生了大规模油气初次运移及二次汇聚，在断层与其连接部位存在汇聚脊，油气侧向运移被阻断，油气在流体势作用下进入断层运移至浅层成藏。

综上所述，浅层构造形成了三类有效汇聚组合和两类无效汇聚组合。

2.3　汇聚脊控制浅层油气富集模式

通过对渤海海域不同构造带浅层油气勘探实践和油气成藏规律进行分析,建立渤海海域 3 种汇聚脊控制的浅层油气成藏模式。汇聚脊及其控藏模式的提出有效指导了渤海油田浅层油气勘探实践,在凸起区大面积岩性勘探、洼陷内复杂断裂带轻质油勘探和陡坡带复合勘探中持续获得较大规模的突破。缓坡区和凹陷区目标的钻探多显示油气"汇而不聚",汇聚脊认识不清,整体勘探成效不佳。

2.3.1　凸起型汇聚脊接力式油气运移模式

凸起型汇聚脊油气运移模式呈现接力式特征。油气沿着潜山不整合面、大断裂垂向运移至凸起区,沿新生界骨架砂体运聚至凸起汇聚脊。随着晚期断层持续活动,在正断层的沟通下,突破上覆东营组并源源不断地向浅层构造聚集成藏。

虽然凸起距离生烃洼陷中心较远,但凸起型汇聚脊具备较大的汇烃面积和汇烃幅度,常为多凹陷供烃,油气来源充足,加上浅层圈闭面积大,因而成为非常有利的油气聚集区。

凸起型接力式成藏模式多形成大油田。在渤海海域早期勘探中,凸起区的高部位先后发现了蓬莱 19-3、秦皇岛 32-6 和曹妃甸 11-1 等一批亿吨级大油田。近年来,沿着油气汇聚区油气优势运移路径开展浅层浅水三角洲岩性圈闭搜索,精细分析晚期断层与砂体耦合的运移效应,在石臼坨凸起的浅层岩性勘探获得重要突破(图 2-12),发现了秦皇岛 33-1 南亿吨级岩性油气藏,拓宽了渤海浅层凸起岩性油气藏的勘探空间。

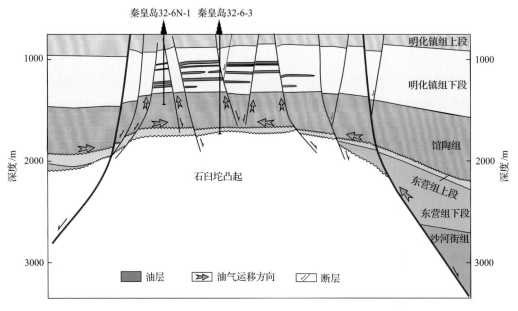

图 2-12　凸起型汇聚脊接力式油气运移模式图

2.3.2 陡坡砂体型汇聚脊"中转站"式油气运移模式

陡坡砂体型汇聚脊"中转站"式油气运移模式强调断层下降盘砂体的汇聚脊作用。陡坡砂体型汇聚脊主要是指从烃源岩中初次运移来的油气在依靠陡坡边界大断层发育的近源扇体内聚集。近源砂体犹如油气运移过程中的临时聚集"中转站"。随着晚期断裂的持续活动，与砂体接触的大断层沟通了深层"中转站"油气向浅层继续运移，形成深浅复式油藏。这种油气运移模式即前人提出的"中转站"模式(邓运华，2005)，是汇聚脊成藏的一种特殊表现形式。

陡坡砂体型汇聚脊所控制的油藏一般紧邻富烃洼陷，为油气汇聚的优势指向区，但深、浅层油气藏丰度、富集程度存在明显差异，主要受深层"中转站"控制，断层根部砂体面积越大、分布越广、与烃源岩直接接触面积越大，越有利于浅层油气聚集。

渤中25-1油田位于黄河口凹陷边界大断层下降盘(图2-13)，钻井证实在深层沙河街组可见厚层砂砾岩，在浅层明化镇组下段则形成油气富集。歧口18-7构造在深层没有砂体存在，浅层就没有油气发现。因此，对于陡坡区的浅层圈闭，如果在其深层存在较大砂体，会形成汇聚脊，一般都能形成好的油藏。近年来，陡坡带先后发现的垦利10-1、蓬莱15-2、曹妃甸6-4等大型油田都是成功勘探案例。

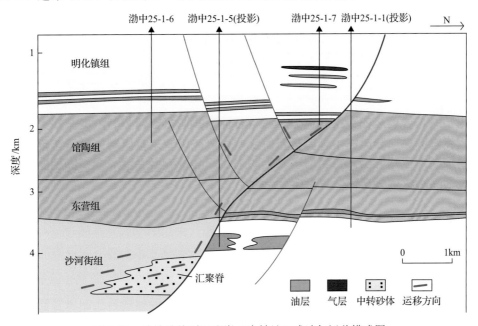

图 2-13 陡坡砂体型汇聚脊"中转站"式油气运移模式图

2.3.3 凹中隆起型汇聚脊贯穿式油气运移模式

凹中隆起型汇聚脊贯穿式油气运移模式是指凹陷区内的次级中、小型隆起上形成的浅层成藏模式，强调油气首先在古地貌隆起处汇聚。由于潜山不整合面是油气运移的良好通道，并与凹陷中烃源岩大面积直接接触，随着晚期断层持续活动，油气可以沿不整合面不断形成横向汇聚。当油气到达凹陷区内的次级古隆起高点后，无法沿不整合面继续运移时，可通过晚期大量发育的、贯穿次级古隆起的断裂形成垂向运移，直至浅层成藏。如果没有断穿上覆地层的断层，油气将无法向上运移进入浅层。次级古隆起大小、埋藏深度、不整合面与烃源岩接触面积及输导性决定了油气汇聚能力。

凹中隆起型汇聚脊的汇油面积不如凸起大，幅度较低，但靠近烃源岩且不整合面与烃源岩大范围接触，也具有较强的汇聚能力，亦是有利的油气聚集区带。

凹陷隆发现的渤中 8-4、曹妃甸 12-6、渤中 13-1 南油田都是浅层中型油田，单个油田探明储量均达到 4000×10^4t 左右，三级储量超过 7000×10^4t。其中，曹妃甸 12-6 构造位于沙垒田凸起的倾末端，20 世纪 70 年代钻探的海中 8 井没有好的油气发现。海中 8 井深层以富泥沉积为主，但其潜山是油气运移汇聚脊，对浅层成藏有利，将勘探层系由深层转移至浅层后，获得了很好的油气发现(图 2-14)。勘探实践表明，中、小型古隆起与砂体一样可以成为浅层油气运移汇聚脊。

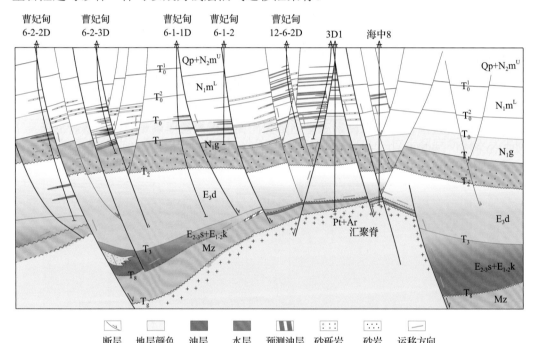

图 2-14 凹中隆起型汇聚脊贯穿式油气运移模式图

蓬莱 7-6 构造位于渤中凹陷中部，深层东营组以泥岩沉积为主，主要含油层系为新近系。在平面图上，蓬莱 7-6 构造 1 井区和 3 井区分别位于构造上的两个断块，成因一致，浅层均为断块圈闭[图 2-15(a)]，但其深层特征明显不同。蓬莱 7-6 构造 1 井区的深层为独立小高点[图 2-15(b)]，3 井区的深层接近单斜形态，产状不断向上抬升[图 2-15(c)]，前者发育汇聚脊而后者不存在。钻探证实蓬莱 7-6 构造 1 井区发现近百米油气层，而 3 井则勘探失利，仅发现了零星的油气显示。分析表明，深层汇聚脊的存在是浅层成藏的关键。

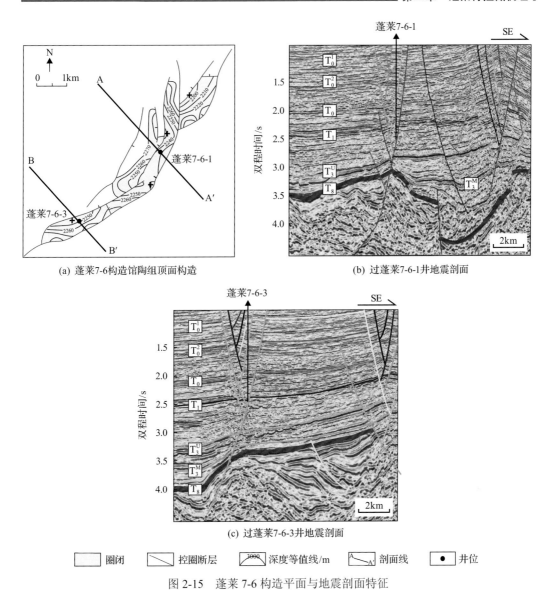

(a) 蓬莱7-6构造馆陶组顶面构造

(b) 过蓬莱7-6-1井地震剖面

(c) 过蓬莱7-6-3井地震剖面

圈闭   控圈断层   [3000] 深度等值线/m   [A—A'] 剖面线   ●— 井位

图 2-15 蓬莱 7-6 构造平面与地震剖面特征

2.3.4 汇聚脊不发育区的浅层油气贫化模式

缓坡区为古地貌斜坡背景，不存在使油气"聚"向上方浅层的汇聚脊。由于不整合面的面积、渗透性等方面均比断层面好，油气沿不整合面运移比沿断层运移通畅，是油气运移的"高速公路"，油气不断沿不整合面侧向运移，不会或很少量沿断层垂向运移到浅层(图 2-1)。缓坡带的新近系勘探以失利居多。秦皇岛 32-7 构造位于石臼坨凸起向渤中凹陷过渡的斜坡上，但油气主要向上运移至高部位，在秦皇岛 32-6 构造汇聚成藏(图 2-16)。由于断层与不整合面运移能力差别大，油气向凸起运移非常通畅，在石臼坨凸起区发育汇聚脊，浅层形成秦皇岛 33-1 南亿吨级连片构造-岩性油气田；而缓坡带没有有效汇聚脊，当油气途经秦皇岛 32-7 构造时，难以沿断层向上运移，造成

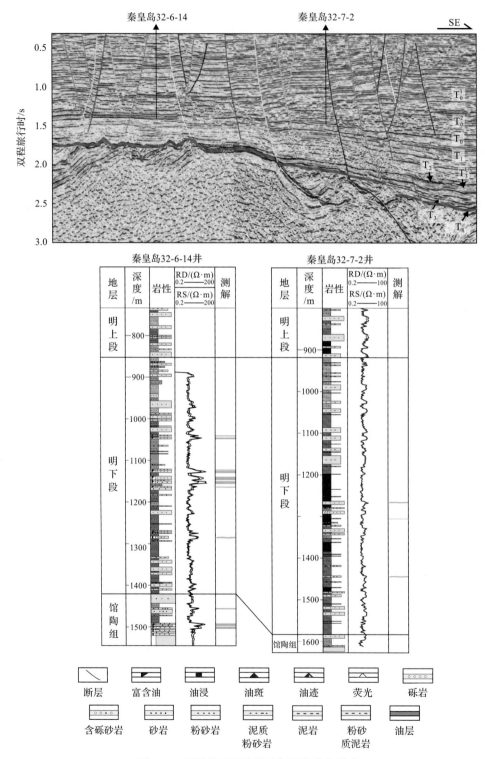

图 2-16　缓坡带无汇聚脊油气运移贫化模式

T_0^1-平原组底界；T_0^2-明化镇组上段底界；T_0-明化镇组底界；T_1-馆陶组上段底界；T_2-馆陶组底界；

T_3^U-东营组上段底界；T_3-东营组底界；T_8-新生界底界

"汇而不聚"，在钻探过程中仅见到零星油气显示。蓬莱 20-1、蓬莱 29-2 东等一批构造也属于缓坡带上因不发育汇聚脊而导致勘探失利的案例，这是渤海一大批浅层失利井的重要原因。

　　凹陷区的浅层难以成藏。当凹陷区深层古近系整体表现为凹陷时，既无隆起也无砂体可汇聚油气，难以形成汇聚脊。尽管断层沟通了浅层储层与深层生油层，但由于断层面与生油层接触面积小，且深层不存在汇油构造背景，无法使油气长期汇聚并向浅层运移。虽然存在局部少量运移的可能性，但无法形成大规模商业聚集。这种浅层构造实钻中含油丰度较低，失利井较多，如石南中段的秦皇岛 35 区、歧口凹陷的中心部位海中 3、歧口 11-1-1 等井区，虽然钻探了多口井，但多为空井或薄油层显示井，无商业油气聚集(表 2-1、图 2-17)。此种类型的构造也是渤海勘探史上失利最多的类型之一。

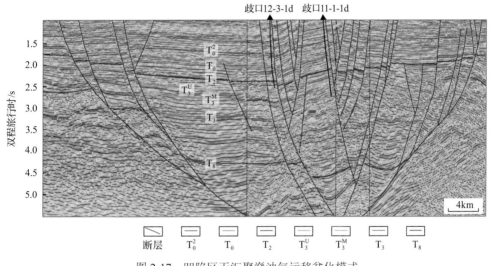

图 2-17　凹陷区无汇聚脊油气运移贫化模式

第三章

汇聚脊控油气运聚模拟实验

渤海海域构造带按其所处构造位置可以划分为 5 大类型，分别为凸起区构造、缓坡带构造、陡坡带构造、凹中隆起区构造和凹陷区构造。勘探实践证实，不同类型构造带浅层油气富集和贫化特征差异性显著，凸起区、凹中隆起区和陡坡带虽然深层地质结构不同，但均由于汇聚脊的发育使得浅层油气大量富集；而缓坡带和凹陷区构造的下方深层不存在大规模汇聚脊，浅层则表现为油气贫化的特征。不同类型构造带浅层油气富集差异性的主要原因是深层汇聚样式不同。虽然不同的汇聚样式最终决定了浅层油气富集特征，但实际的运聚成藏发生在地质历史时期，难以探测，因此，为深入研究汇聚脊的控藏作用和控藏机理，物理模拟和数值模拟成为重要手段。为此，针对不同类型构造带，结合实际地质特征分别设计了物理模拟和数值模拟实验模型，对比分析不同类型构造带所发育的不同汇聚样式对浅层油气运聚的控制作用。

3.1 汇聚脊控油气运聚物理模拟

3.1.1 实验装置及实验方法

1. 实验装置

汇聚脊控油气运聚物理模拟实验装置主要由实验模型、地层条件模拟系统、流体充注系统、数据采集系统四部分组成(图 3-1)。实验模型是汇聚脊控油气运聚物理模拟实验的核心，实验模型的主体为两块平行放置的透明的亚克力板，其间填充颗粒介质，用以模拟烃源岩、储层、断层、不整合、陡坡砂体等地质体(图 3-2)。透过亚克力板可以观察实验现象并进行摄像。两块亚克力板之间充填透水性胶条，周围用 C 型架固定，模型整体尺寸为 300mm×400mm。在模型外框引出一根软管，作为油气注入口。

地层条件模拟系统主要由水槽构成，水槽中可注入水，实验过程中，实验模型放置于充满水的水槽内，用以模拟地下静水环境。流体充注系统主要为注油软管和微量

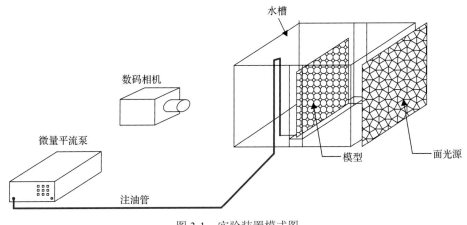

图 3-1 实验装置模式图

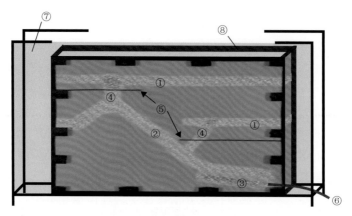

图 3-2　实验模型结构示意图

①浅层储层；②不整合；③烃源岩层；④断层；⑤断层阀门；⑥注油管；⑦透明亚克力板；⑧透水性胶条

平流泵组成（图 3-1），注油软管根据实验对象的不同，连接不同模型的油气注入口，并与微量平流泵相连，以便为模型供给油气。流量及注入速度可以通过控制流量平流泵来调节和计量。数据采集系统主要由 P5750 型数据采集器、数码相机和无影光源组成，其中无影光源为实验模型提供面光源，能够使光线透过实验模型，便于正面观察含油饱和程度等实验现象。数据采集器用来设置相机拍摄间隔、采集存储实验过程图像信息，并使用数码相机将图像传输至数据采集器。

2. 实验方法及材料选取

在实验模拟过程中，需要根据不同汇聚通道的实际输导性能和相应地质条件搭建物理模拟实验模型，并开展汇聚脊成藏物理模拟实验。汇聚脊的汇聚通道主要包括三种类型：不整合、砂体和断层。断裂带稳定时期渗透率主要受地层砂泥结构和断层规模控制，渗透率普遍较小。尤其是东营组和沙河街组泥岩段稳定时期断层渗透率介于 0.01～0.001mD（图 3-3），而通过统计得出的 T_8 不整合渗透率介于 0.05～10mD（图 3-4），源内砂体的渗透率普遍介于 0.1～10mD 之间（图 3-5）。因此，处于稳定时期的断层渗透率普遍远低于不整合和源内砂体的渗透率，所以与不整合和源内砂体相比，稳定时期断层主要起到封闭作用。而活动期断层渗透率较稳定期大幅度提高，断层活动强度越大，渗透率提高越明显。因此，活动期断层渗透率通常明显高于不整合和源内砂体，尤其是大型边界断层的活动期渗透率将远超不整合和源内砂体。据此实际地质条件，在物理模拟实验模型铺设时，选用粒径较大的高渗透性玻璃微珠铺设断层，不整合和源内砂体选用相对粒径较小的低渗透性玻璃微珠铺设。同时在断层上加设断层阀门控制断层开启-封闭，将断层阀门关闭时，代表断层处于稳定时期，起到封闭作用；将断层阀门打开后，代表断层处于活动时期，断层为高渗的输导通道。在实验过程中不仅考虑了断层和不整合输导通道的渗透率相对大小，还考虑了汇聚通道的时间有效性。不整合型输导体系的形成大致始于古近系沙河街组沉积期，明显早于烃源岩生烃期，属于典型的先存型汇聚体系，现今仍保持有效性；而断层型输导体系虽然长期发育，但只有在新构造运动引起晚期活动时才起到输导作用，属于源岩生烃后发育的后生型汇聚体系。因此，在实验过程中油气从烃源岩排入至不整合内运移一段后再将断层阀门打开，开启断层。

实验中所用到的材料包括不同粒径的玻璃微珠、煤油、水和透水胶条。玻璃微珠的规格有 20 目、30 目、40 目、60 目、80 目、100 目和 120 目，均匀玻璃微珠紧密充填时，不同目数的玻璃微珠渗透率差异显著，目数越小，其粒径越大，渗透率越高。不同目数的玻璃微珠绝对渗透率依据 Kozeny-Carman 公式实测得出（Yan et al., 2012），

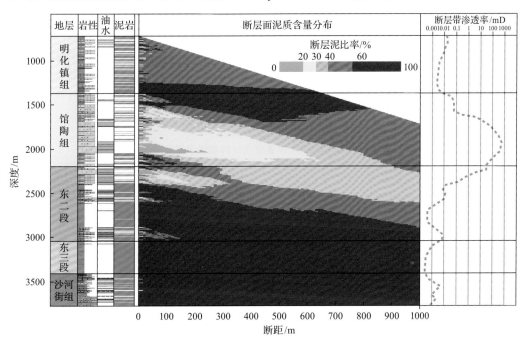

图 3-3　稳定期断层带渗透率参考范围

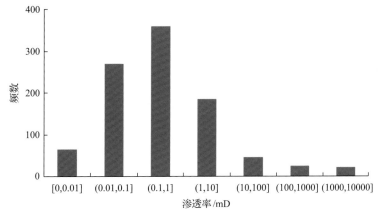

图 3-4　渤海海域 T_8 不整合渗透率统计

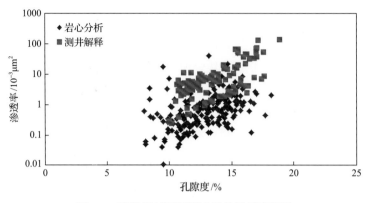

图 3-5 渤海海域深层源内砂体渗透率统计

具体物性参数见表 3-1，根据各组模拟实验需求可选取相应的材料。实验中所注入的油选用低黏度、低密度的航空煤油，黏度和密度分别是 1.698mPa·s 和 0.792g/cm³，油水界面张力为 28.9mN/m²，为便于观察油相运聚成藏过程，用染色剂将煤油进行着色。实验所用的纯净水的黏度是 1.0019mPa·s，密度为 1.00654g/cm³（表 3-2）。

表 3-1 各种渗透性/非渗透性材料物性参数汇总表

材料名称	粒径/mm	分选	磨圆	孔隙度/%	渗透率/D
玻璃微珠	1.5～2.0	良好	较好	38.25	925.63
玻璃微珠	1.2～1.5	良好	较好	37.48	714.70
玻璃微珠	1.0～1.2	良好	较好	37.41	502.06
玻璃微珠	0.8～1.0	良好	较好	36.27	336.09
玻璃微珠	0.6～0.8	良好	较好	36.51	203.31
玻璃微珠	0.4～0.6	良好	较好	37.3	103.73
玻璃微珠	0.2～0.4	良好	较好	37.58	37.34
石英砂	—	较差	较差	46.87	58.46

表 3-2 实验所用煤油、纯净水物性参数汇总表

流体	密度/(g/cm³)	黏度/(mPa·s)
煤油	0.792	1.698
纯净水	1.00654	1.0019

3. 实验技术

（1）烃源岩排烃模拟技术。

为模拟烃源岩排烃特征，采用细粒玻璃微珠包围粗粒玻璃微珠的结构，油首先进入粗粒玻璃微珠形成的高渗带后，充满粗粒玻璃微珠后，随着充注持续进行，油相压力不断增高，直至突破周围细粒玻璃微珠对应毛细管力的封锁后，开始向外排烃。

（2）断层阀模拟断层启闭技术。

在模拟汇聚脊控制下油气深浅调整时，断层的启闭在实验过程中要发生变化，初

始时，断层处于封闭状态，油气充注到汇聚脊后，在断层和盖层遮挡作用下，油气首先在汇聚脊中聚集，达到一定量后，断层在构造作用和流体压力影响下开启，聚集的油气通过断层调整到浅层，因此在实验过程中要实现断层从封闭状态到开启状态的转变。为实现该功能，在模型中，设计横穿断层的断层阀(图 3-2)，该阀由弹性胶条组成，在两侧玻璃板的挤压作用下，胶条变形紧贴玻璃板，起到密封作用，这时断层处于封闭状态；开启断层时，拉动胶条，胶条发生形变或者移动，失去密封作用，断层因此从封闭状态转变为开启状态。

(3)选择性密封技术。

在油气运移成藏过程中，在毛细管力作用下，盖层或者遮挡物往往只对油气具有封挡作用，而水相能够在其中流动。根据该特征，模型采用了选择性密封，实现的途径是用极细粒玻璃微珠模拟泥岩包围不整合、断层和储层，利用毛细管力将油相限制在这些区域，充注过程中，注入油所排替的水可以通过不整合、储层或者断层散失，也可以通过周围泥岩散失。水相在多个方位进行散失时，无法设置固定的排液口，因此将模型浸在水体中(图 3-2)，保持模型中孔隙水和外围水体连通，如此一来，油相被细粒玻璃微珠通过毛细管力限制在设定区域，而水相可以自由流出模型，实现模型选择性密封。

3.1.2 凸起区油气运聚成藏物理模拟

1. 实验目的及实验设计

凸起区发育高凸起型汇聚脊，这类汇聚脊广泛发育于渤海海域，汇聚脊规模大，油气聚集丰度高，一般形成亿吨级的大油田(薛永安，2018)。高凸起型汇聚脊为典型的源外成藏模式，通过不整合伸入至生烃凹陷内，为浅层油气富集提供充足的油气来源，凸起的高部位是油气聚集的终点。凸起区油气运移的起点和终点较为明确，但运移的过程尚不清晰。因此，为明确凸起区油气运聚过程、优势汇聚通道及高凸起型汇聚脊对浅层油气成藏的控制作用，根据实际地质条件开展了凸起区油气运聚成藏物理模拟实验。

高凸起型汇聚脊主要组成要素包括大规模不整合输导层、浅层储集体、晚期活动的断裂。由于高凸起型汇聚脊属于典型的源外成藏模式，不整合与烃源岩相接触，因此，在凸起区油气运聚成藏物理模拟实验模型设计中，在凸起区的低部位铺设烃源岩层并与不整合输导层相连(图 3-6)，确保烃源岩生成的油气能够直接充注至不整合输导层内。烃源岩层选用低渗透性的玻璃微珠铺设，其粒径为 0.4～0.6mm，渗透率约为103D。为与实际地质条件保持一致，在烃源岩层外围铺设超低渗透性的玻璃微珠代表源岩层外发育的致密层，该超低渗的致密层所用玻璃微珠的粒径为 0.2～0.4mm，渗透率约为 37D。同时在凸起高部位和斜坡处分别设置相同渗透性的断层，并与相应浅层储层连接，作为油气向浅层调整的输导通道。

通过对实际地质条件统计得出，凸起区不整合渗透率介于 20～96.3mD，最低也可达到 1.0～15mD；而稳定时期断层渗透率普遍较小，渗透率普遍低于 0.1mD，因此稳定时期断层渗透率低于不整合输导层，主要起到封闭作用。活动期断层渗透率较稳定期大幅度提高，将远超不整合。据此实际地质条件，在物理模拟实验模型铺设时，不整合输导层选用相对低渗透性的玻璃微珠铺设，其粒径为 0.6～0.8mm、渗透率约 200D；断层选用相对高渗透性的玻璃微珠铺设，其粒径为 1.0～1.2mm、渗透率约 500D，并在断层上加设断层阀控制断层开启-封闭(图 3-6)。同时，由于不整合输导层形成时间早于烃源岩生烃期，并保持长期有效，而断层只有在新构造运动引起晚期活动时才起到输导作用，一般在烃源岩达到生、排烃期之后再活动才可起到输导作用。因此，考虑到不整合输导层和断层输导的时间有效性的差异，在实验过程中，油气由烃源岩排出充注至紧邻的不整合输导层内运移一段后，再同时将两组实验的断层阀门同时打开，使断层成为高渗透性的输导通道。而后多次开启-闭合断层以模拟断层的多期活动，并观察、记录实验过程中油气运聚的过程。

2. 实验现象及地质意义

实验开始后，烃源岩生成的油气首先充注至与之相邻不整合输导层内，此时断层未发生活动，断层阀呈封闭状态，主要起到封闭作用。随着烃源岩生成的油气持续的充注至不整合输导层内，高凸起区右翼不整合输导层内含油饱和度逐渐增加，在浮力的作用下油气沿着不整合输导层向凸起区高部位方向侧向汇聚[图 3-7(a)、(b)、(c)]。实际地质条件下，断层晚期再活动时期(新构造运动时期)一般晚于不整合输导层的形成时间和烃源岩的起始生、排烃时间，因此，在物理模拟实验中，烃源岩开始排烃一段时间后(实验开始 30min 之后)，再将预先设置在凸起高部位之上及斜坡带上的断层阀开启以模拟断层活动。由于断层是使用相对高渗透性的玻璃微珠铺设而成，因此在断层阀打开后断层可以起到高渗透性输导通道的作用。此时可以看到，即使断层阀已经开启，油气仍然沿着不整合输导层向凸起区高部位方向继续汇聚，并通过凸起高部位的断层大量的输导至浅层储集层内，而只有极少量的油气沿着位于斜坡带之上的断层发生了垂向输导，但并未充注至对应的浅层储集层内[图 3-7(d)]。由于实际地质过程中，断层呈现出多期次活动-静止交替的特征，因此在断层开启一定时间后(断层开启 5min)，关闭断层阀以模拟断层静止期[图 3-7(e)]，此时，烃源岩生成的油气仍持续的充注至不整合输导层并向凸起区高部方向汇聚。当再次开启断层阀，并保持断层长期开启状态，可以看到，油气依然沿着不整合输导层向凸起区高部位汇聚，并通过凸起高部位之上断层大量的浅调至浅部储层中，使得凸起高部位浅层储层内含油饱和度及含油范围大幅度提高。而位于斜坡带之上的断层仍仅只有极少量油气沿其输导，但并未突破至浅层，因此，最终斜坡带之上的浅层储集层内未发现明显的油气聚集[图 3-7(f)]。

通过凸起区油气成藏物理模拟实验结果可以分析得出，相比于断层而言，不整合输导层是油气优势的汇聚通道。虽然活动期断层的渗透率高于不整合输导层，但是断层的活动期相对于地质历史时期十分短暂，而不整合一旦形成之后便可长期作为油气

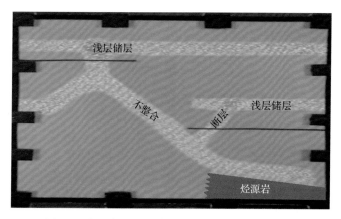

图 3-6　高凸起型汇聚脊成藏物理模拟实验模型图

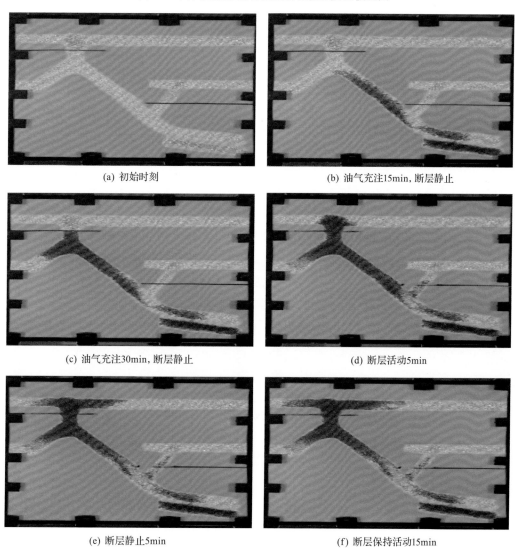

图 3-7　凸起区成藏物理模拟实验过程

汇聚的通道,使得烃源岩生成的油气充注至不整合输导层后可以长期持续向凸起之上汇聚。此外,受实验模型尺寸影响,输导层的面积未在实验得以体现,实际地质条件下不整合输导层发育面积远大于断层,因此从此方面考虑,不整合输导层的汇聚能力也强于断层;另外,受流体润湿性的影响,油气在不整合输导层内运移后岩石颗粒形成油润湿,从而形成了优势运移路径,此后即使断层发生强烈的再活动并呈现出极高渗的状态,也难以改变油气原有的运移路径。因此,由于不整合输导层优势的汇聚作用,高凸起型汇聚脊表现出强力的汇聚能力,使得凸起区成为油气成藏的有利部位。在脊-断耦合优势配置下,凸起区浅层油气呈现出高丰度聚集的特征。相比之下,斜坡带只作为油气侧向输导的运移路径,造成油气运移"汇"而不"聚"的现象,从而难以在浅层形成油气聚集。

凹中隆型汇聚脊与高凸起型汇聚脊在形态上较为一致,规模相对高凸起型汇聚脊较小,但由于凹中隆型汇聚脊整体位于生烃凹陷区内,与烃源岩接触面积大,因此汇聚油气的能力也比较强,浅层也能发育大中型油气藏。从物理模拟实验的角度,凹中隆汇聚脊和高凸起型汇聚脊难以有效区分,二者在油气运移过程及汇聚通道类型等方面是一致的,故凸起区油气运聚物理模拟中的相关认识可以应用到凹中隆起型汇聚脊。

3.1.3 陡坡带油气运聚成藏物理模拟

1. 实验目的及实验设计

通过对大量钻井、地震等资料的分析发现,陡坡带浅层含油的构造,其深部烃源岩内广泛发育沉积砂体;相反,陡坡带浅层没有发现油层的构造,其深部烃源岩内不发育沉积砂体。为了分析陡坡带砂体型汇聚脊对浅层油气成藏的控制作用,设计了两组对照试验,一组烃源岩内部发育沉积砂体,断层同时与烃源岩和源内砂体接触,并与浅层储层相连接[图 3-8(a)]。另一组烃源岩内部无沉积砂体,断层直接与烃源岩接触,并与浅层储层相连接,其他条件均保持完全一致[图 3-8(b)]。

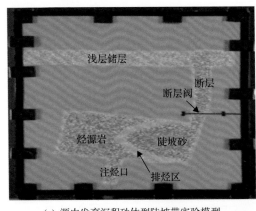
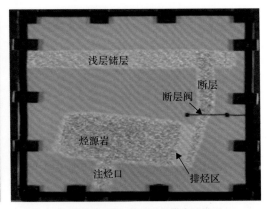

(a) 源内发育沉积砂体型陡坡带实验模型　　　　(b) 源内无沉积砂体型陡坡带实验模型

图 3-8　陡坡带成藏物理模拟实验模型设计

　　陡坡带主要包括深层源内砂体、晚期活动的断裂和浅层储集体等主要组成要素，因此，在陡坡带成藏物理模拟实验模型设计过程中，根据实际地质条件，选取不同渗透性的玻璃微珠代表相应的陡坡带组成要素。陡坡带成藏物理模拟实验模型的构建，主要考虑了以下三方面的因素：①由于快速压实作用，厚层烃源岩层外常发育超低渗的致密层，为与实际地质条件保持一致，实验模型设计时，两组对照试验的烃源岩层外均铺设超低渗透性的玻璃微珠，其粒径为 0.2～0.4mm，渗透率约为 37D，内部烃源岩层选用相对低渗透性的玻璃微珠铺设，其粒径为 0.4～0.6mm，渗透率约为 103D；②陡坡带砂体沉积发生在断层下降盘，由于断层上下盘的落差会造成强水动力环境，因此，砂体沉积带颗粒粗，砂体渗透性较高，普遍介于 0.1～10mD（图 3-5），实验模型设计时，选用相对于烃源岩为高渗透性的玻璃微珠填充源内砂体发育区域，其玻璃微珠粒径为 0.6～0.8mm、渗透率约 200D；③断层分为静止期和活动期，静止期断层起到封闭作用，活动期断层开启，输导能力显著提高。在实验模型设计时，与凸起区成藏物理模拟实验相同，断层选用相对更加高渗透性的玻璃微珠铺设，其粒径为 1.0～1.2mm、渗透率约 500D，同时在断层上加设断层阀控制断层的开启-封闭。

　　2. 实验现象及地质意义

　　(1)源内发育沉积砂体型陡坡带成藏物理模拟实验。

　　在实验开始后首先向烃源岩层内持续注入大量油气[图 3-9(a)、(b)]，在烃源岩层内完全充满油气后，随着油气持续充注产生了源内超压。在超压的作用下烃源岩内的油气逐渐克服源岩外超低渗致密层毛管力的束缚，突破致密层并开始向源内砂体汇聚[图 3-9(c)]。在源内砂体汇聚油气的同时，将断层带上预设的断层阀开启以模拟断层活动。断层开启后可以起到高渗输导通道的作用，源内砂体汇聚的大量油气沿断层发生垂向运移，并开始充注至浅层储层，同时可发现源内砂体中的含油饱和度大幅下降[图 3-9(c)、(d)]。断层开启一定时间后(断层活动开启 5min)，关闭断层阀以模拟断层静止，此时烃源岩排出的油气仍继续向源内砂体汇聚，砂体内部含油饱和度再次升高。而后再次打开断层阀，此时源内砂体汇聚的油气快速地沿着断层垂向输导，并大量充注至浅层储层[图 3-9(e)]。在此之后，再次关闭断层阀，并保持烃源岩排出的油气持续向源内砂体汇聚，在断层阀关闭一定时间后(断层关闭 5min)，再次打开断层阀，此过程与前一阶段油气运聚过程一致，油气沿着断层持续地垂向输导至浅层储层内，从而使油气在浅层大规模富集。同时，伴随着浅层油气的富集，深层源内砂体中的含油饱和度再次大幅下降[图 3-9(f)]。

　　(2)源内无沉积砂体型陡坡带成藏物理模拟实验。

　　与源内发育沉积砂体型陡坡带成藏物理模拟实验初始阶段一致，在实验开始后首先向烃源岩层内持续注入大量油气，从而产生源内超压[图 3-10(a)、(b)]。在超压的作用下烃源岩内的油气逐渐克服源岩外超低渗致密层毛管力的束缚，突破致密层并开始向高渗透性的断层方向运移[图 3-10(c)]。同时，将断层带上预设的断层阀开启，受

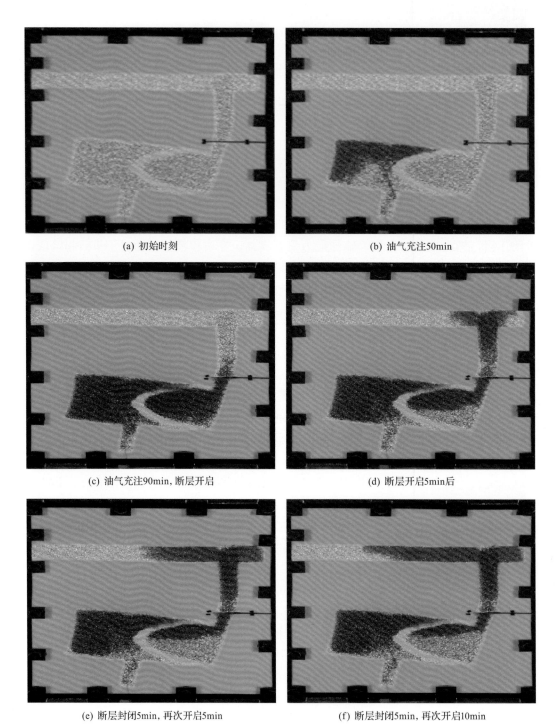

(a) 初始时刻

(b) 油气充注50min

(c) 油气充注90min，断层开启

(d) 断层开启5min后

(e) 断层封闭5min，再次开启5min

(f) 断层封闭5min，再次开启10min

图3-9　源内发育沉积砂体型陡坡带成藏物理模拟实验过程

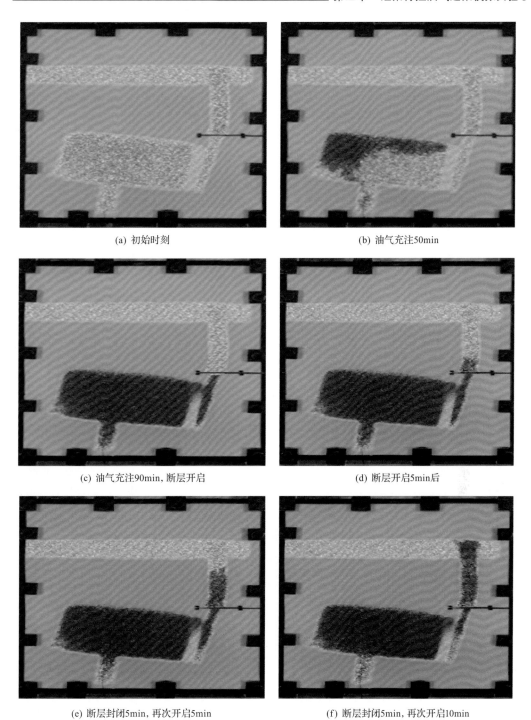

(a) 初始时刻　　　　　　　　　　　　　　(b) 油气充注50min

(c) 油气充注90min, 断层开启　　　　　　　(d) 断层开启5min后

(e) 断层封闭5min, 再次开启5min　　　　　　(f) 断层封闭5min, 再次开启10min

图3-10　源内无沉积砂体型陡坡带成藏物理模拟实验过程

烃源岩外致密层的限制，断层开启后仅有少量的油气沿断层发生垂向运移，与源内发育沉积砂体型陡坡带成藏物理模拟实验的同一阶段相比，垂向运移的油气量明显较少[图 3-10(c)、(d)]。为与源内发育沉积砂体型陡坡带成藏物理模拟实验保持同步，在

断层开启一定时间后，同样关闭断层阀 5min，而后再次打开断层阀，此时油气可沿断层发生一定量的运移，但与源内发育沉积砂体型陡坡带成藏物理模拟实验的同一阶段相比，垂向运移的油气量仍然明显较少，油气尚未充注至浅层储层内［图 3-10(e)］。在此之后，再次关闭断层阀，并始终保持向烃源岩层内持续注入油气。在断层阀关闭一定时间后(断层关闭 5min)，再次打开断层阀，此时与前一阶段相比，开始有少量的油气充注至浅层储层内，但浅层储层最终的油气聚集程度仍远低于源内发育沉积砂体时的陡坡带浅层储层内的油气聚集程度［图 3-10(f)］。

通过对比针对陡坡带开展的两组物理模拟实验结果可以分析得出，陡坡带是否发育源内砂体型汇聚脊决定了浅层油气的富集和贫化。在陡坡带源内无砂体时，单条断层运移油气能力有限，因为单条断层与烃源岩接触面积太小，不能吸收大量分散的石油，断层附近裂隙储集空间小，也不能储集大量石油为断层运移提供油源，因此，油气难以沿断层输导至浅层；在陡坡带发育源内砂体时，断层与烃源岩内的砂体连接，源内砂体可汇聚烃源岩内分散的油气，不仅可为浅层提供充足的油气供给，同时由于油气聚集产生的浮压使得油气向浅层运移动力足够充足，因此，油气可以沿着断层大量地向浅部运移并最终在浅层成藏。

3.1.4 斜坡区油气运聚成藏物理模拟

1. 实验目的及实验设计

斜坡区多数情况下为古地貌单一斜坡背景，受先存构造或断层活动改造作用的影响，斜坡带之上可发育局部的古隆起。勘探实践表明，单一斜坡背景和斜坡带古隆起两种类型的构造浅层油气富集和贫化特征差异显著。单一斜坡背景油气"汇而不聚"，浅层多表现为油气贫化的特征，如秦皇岛 32-7 油田就是最为典型的斜坡带失利构造。在斜坡带之上发育古隆起的条件下，浅层则表现为油气高丰度富集的特征，如近期在渤海海域发现的垦利 6-1 油田，就是最为典型的斜坡带古隆起型汇聚脊之上发育的大型油田。因此，为了对比分析斜坡区有无古隆起条件下油气运聚过程及浅层油气的聚集特征，针对斜坡区开展了两组对照模拟实验：一组是单一斜坡型成藏物理模拟实验，另一组是斜坡带古隆起型成藏物理模拟实验。

单一斜坡带型和斜坡带古隆起型的组成要素基本一致，主要包括大规模不整合输导层、晚期活动断裂、与断层相连接的浅层储集体。由于单一斜坡带型和斜坡带古隆起型的实际地质条件较为相似，因此，在实验模型搭建和参数设置上两者也较为一致，主要区别在于一组模拟实验为单一斜坡带，呈现单斜的特征，斜坡带上发育断层直接与浅层储层连接［图 3-11(a)］；另一组模拟实验在斜坡带上设置古隆起，古隆起之上发育断层，并与浅层储层相连接［图 3-11(b)］。由于斜坡带距离烃源岩较近，通过不整合输导层伸入至生烃凹陷内和烃源岩接触，因此在两组物理模拟实验模型构建中，均铺设烃源岩与斜坡低部位不整合相连(图 3-11)，确保烃源岩生成的油气直接充注至不整合输导层内，两组对照实验油气的充注速率均为 0.1mL/min。通过实际地质条件统计得出，斜坡带的幅度普遍介于 7°~9°。在物理模拟实验中为了增强浮力的作用，将两组物理模拟实验的斜坡带幅度略作调整，与实际地质条件相比增大了斜坡带的幅度，但两组实验的斜坡带幅度和断层倾角均保持一致。此外，由于稳定时期断层渗透率远低于不整合输导层，而活动期断层渗透率较稳定期大幅度提高，因此，斜坡带不整合输导层选用相对低渗透性的玻璃微珠铺设，其粒径为 0.6~0.8mm、渗透率约为 200D；断层选用相对高渗透性的玻璃微珠铺设，其粒径为 1.0~1.2mm、渗透率约为 500D，同样在断层上加设断层阀控制断层开启-封闭(图 3-11)。同时，由于斜坡带的不整合输导层同样是属于先存型汇聚体系，形成时间早于烃源岩生烃期，并保持长期有效，而断层是后生型汇聚体系，只有在新构造运动引起晚期活动时才起到输导作用，一般在烃源岩达到生排烃期之后再活动才可起到输导作用。因此，考虑到不整合输导层和断层输导的时间有效性的差异，在实验过程中，油气由烃源岩排出充注至紧邻的不整合输导层内运移一段后，再同时将两组实验的断层阀门同时打开，使断层成为高渗透性的输导通道。而后两组对照实验同时多次开启、闭合断层，进一步观察两组对照实验的油气运聚过程。

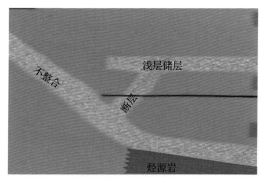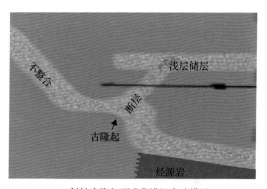

(a) 单一斜坡型成藏模拟实验模型　　　　　　　(b) 斜坡古隆起型成藏模拟实验模型

图 3-11　斜坡带成藏物理模拟实验模型设计

2. 实验现象及地质意义

(1) 单一斜坡型成藏物理模拟实验。

实验开始后，烃源岩内排出的油气首先充注至与之相邻的不整合输导层内，此时断层未发生活动，主要起到封闭作用，在浮力的作用下油气沿不整合输导层向斜坡带高部位方向侧向汇聚[图 3-12(a)、(b)、(c)]。在油气沿不整合侧向运移一定时间后(油气充注 30min)，将预先设置在斜坡带上的断层阀开启以模拟断层活动，对应实际地质条件中的晚期断层活动事件。由于实验模型中断层铺设的是相对高渗透性的玻璃微珠，因此在断层阀开启后，断层可以起到高渗透性输导通道的作用。然而，尽管断层已经开启，烃源岩排出的油气仍然持续大量地沿着不整合输导层向高部位优势侧向运移，仅有少量油气沿断层发生垂向输导[图 3-12(d)]。由于实际断层存在活动期和静止期交替的特征，因此在断层活动一定时间后(断层开启 5min)，关闭断层阀模拟断层静止期。在断层静止时期，油气仍然沿着不整合输导层向斜坡带高部位方向持续汇聚，断层带内部油气发生微弱的垂向运移[图 3-12(e)]。在断层静止一定时间后(断层封闭 5min),再次将断层阀打开,并保持断层长期开启,与前一时期相比,油气几乎未再沿断层发生明显的垂向输导[图 3-12(f)],最终大量的油气仍沿着不整合输导层向斜坡带高部位方向持续汇聚,而斜坡带上断层与斜坡区不整合相连接的浅层储层表现为油气贫化的特征[图 3-12(f)]。

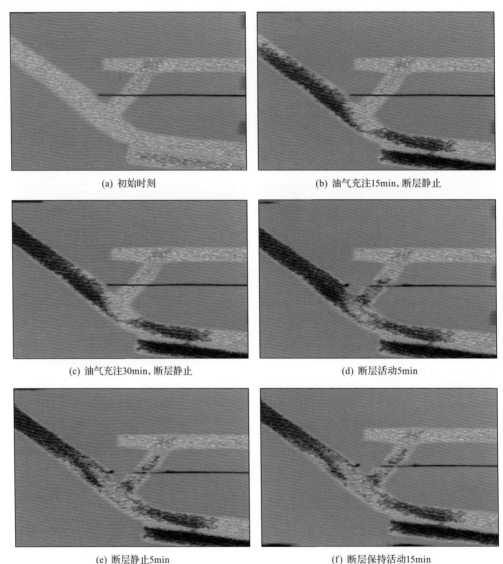

(a) 初始时刻

(b) 油气充注15min,断层静止

(c) 油气充注30min,断层静止

(d) 断层活动5min

(e) 断层静止5min

(f) 断层保持活动15min

图 3-12 单一斜坡型成藏物理模拟实验过程

(2)斜坡带古隆起型成藏物理模拟实验。

实验初始阶段与单一斜坡型成藏物理模拟实验相同,烃源岩内排出的油气首先充注至与之相邻的不整合输导层内,此时断层未发生活动,起到封闭作用,在浮力的作用下油气沿不整合输导层向古隆起方向侧向运移,并汇聚至古隆起内聚集成藏[图 3-13(a)、 (b)]。在充注的油气量足够充足时，油气达到古隆起的溢出点后继续沿着不整合输导层向斜坡带高部位方向侧向运移[图 3-13(c)]。在油气沿不整合运移一定时间后(油气充注 30min，与单一斜坡型成藏物理模拟实验时间保持一致)，将预先设置在古隆起上的断层阀开启以模拟断层活动，断层可以起到高渗透性输导通道的作用。与单一斜坡型成藏物理模拟实验过程不同，在断层开启后，古隆起内大量的油气沿断层发生垂向运移并开始向浅层储层充注，同时，仍有部分油气持续沿着不整合向高部位侧向运移[图 3-13(d)]。为与单一斜坡型物理模拟实验保持一致，在断层活动一定时间后(断层开启 5min)，同样关闭断层阀模拟断层静止。在断层静止时期，烃源岩排出的油气持续充注至紧邻的不整合输导层内，并沿着不整合输导层向古隆起方向持续充注[图 3-13(e)]。

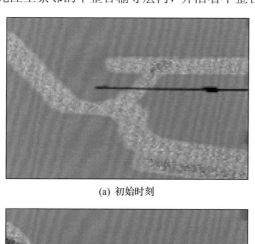

(a) 初始时刻

(b) 油气充注15min，断层静止

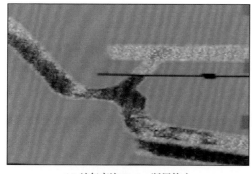

(c) 油气充注30min，断层静止

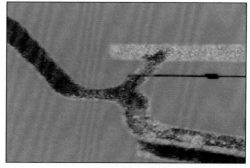

(d) 断层活动5min

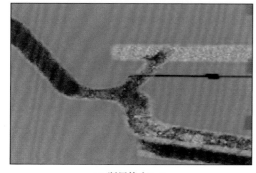

(e) 断层静止5min

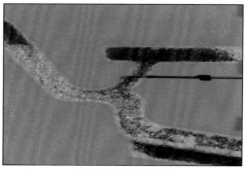

(f) 断层保持活动15min

图 3-13 斜坡带古隆起型成藏物理模拟实验

在断层静止一定时间(断层封闭 5min),再次将断层阀打开,并保持断层长时期开启,此时古隆起内的油气大量地沿着断层发生垂向输导,并持续地充注至浅层储层内。与单一斜坡带成藏物理模拟实验结果相比,斜坡带古隆起之上的浅层储层呈现出高丰度聚集的特征[图 3-13(f)]。

斜坡带成藏物理模拟实验结果表明,在单一斜坡带背景条件下,不整合输导层具有强力的输导能力,由于深层不发育汇聚脊背景,烃源岩排出的油气沿不整合持续向高部位运移,而不会或很少量沿断层垂向运移,造成油气运移"汇"而不"聚"的现象,因此,即使斜坡带上连接浅层储层的断层发生活动而开启后,浅层储层内也几乎无油气聚集。而在斜坡带发育局部古隆起的背景下,油气虽然同样沿着不整合输导层向高部位汇聚,由于古隆起型汇聚脊的存在,在局部古隆起内可优先形成油气汇聚。当古隆起上发育的连接浅层储层的断层发生活动开启时,油气沿着断层向浅层输导,并在浅层圈闭内聚集成藏。因此,通过物理模拟实验可以确定斜坡带发育古隆起型汇聚脊是斜坡区浅层油气成藏的决定性因素。古隆起型汇聚脊对浅层油气成藏的控制作用主要体现在两个方面:一是油气可在古隆起内形成汇聚,从而为浅层圈闭提供充足的油气供给;二是古隆起内先存的油气聚集可形成足够大的烃柱高度,可以产生足够的浮压,从而可为油气沿断层向浅层运移提供足够的动力。

3.1.5 凸起-陡坡带运聚成藏物理模拟

1. 实验目的及实验设计

凸起型汇聚脊和陡坡砂体型汇聚脊是两种重要的汇聚脊类型,常伴随箕状半地堑发育,凸起型汇聚脊通过不整合输导层与烃源岩相连,同时陡坡带烃源岩内发育砂体型汇聚脊,并通过断层与浅层储层相连接。两种类型汇聚脊分别控制各自浅层油气富集,为了对比凸起型汇聚脊与陡坡带砂体型汇聚脊的汇聚能力,开展了凸起-陡坡带综合成藏物理模拟实验。

凸起-陡坡带成藏物理模拟实验是凸起区和陡坡带油气成藏模拟实验的组合,因此实验模型与前文所述的两种模型设计一致(图 3-14)。烃源岩层外均铺设超低渗透性的玻璃微珠,其粒径为 0.2~0.4mm,渗透率约为 37D,内部烃源岩层选用低渗透性的玻璃微珠铺设,其粒径为 0.4~0.6mm,渗透率约为 103D。凸起高部位与烃源岩通过斜坡带渗透性不整合输导体相连;在凸起之上发育渗透性断层与浅层储层相连。烃源岩层另一侧发育陡坡砂体,考虑到陡坡砂体在实际地质演化过程中,受物源和沉积体系的影响,砂体渗透性较高,普遍介于 0.1~10mD(图 3-5),因此选用相对于烃源岩为高渗透性的玻璃微珠填充源内砂体发育区域,其粒径为 0.6~0.8mm,渗透率约为 200D,并设置一条高角度断层与浅层储层相连。由于实际断层是幕式活动,存在静止期和活动期,因此在凸起区之上和陡坡带的渗透性断层中分别设置了断层阀,能够在实验过程中实现从封闭到开启的状态转变。综合考虑实际地质条件,断层输导层选用相对高渗透性的玻璃微珠铺设,其粒径为 1.0~1.2mm,渗透率约为 500D;不整合输导层选用相对于断层为低渗透性的玻璃微珠铺设，其粒径为 0.6～0.8mm，渗透率约为 200D，不整合的渗透性和源内砂体的渗透性保持一致。

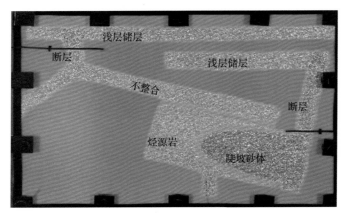

图 3-14　凸起-陡坡带成藏物理模拟实验模型

2. 实验现象及地质意义

实验开始后，烃源岩内生成的油气首先充注至与之相邻的陡坡砂体内[图 3-15（b）]。随着烃源岩排烃的持续进行，陡坡砂体内油气含量逐渐增加，与此同时，烃源岩生成的油气也开始充注至缓坡之上的不整合输导层中[图 3-15（b）]。此时断层未开启，主要起到封闭作用，陡坡砂体内油气接近饱和，同时在浮力的作用下油气沿不整合输导层不断向斜坡带高部位方向侧向运移，凸起区高部位形成油气汇聚[图 3-15（b）、（c）]。在油气沿不整合侧向运移一定时间后（油气充注 30min 后），将预先设置在凸起型汇聚脊顶部及陡坡带上的断层阀开启以模拟断层活动，对应实际地质条件中的晚期断层活动事件[图 3-15（d）、（e）]。由于实验模型中断层铺设的是相对高渗透性的玻璃微珠，因此在断层阀开启后，断层可以起到高渗透性输导通道的作用。当断层打开时，位于凸起区和陡坡带的油气均沿着断层向浅部输导[图 3-15（d）、（e）]。保持断层开启一段时间后，再次关闭断层阀，此时烃源岩生成的油气仍然沿着不整合侧向输导，同时也向源内砂体继续汇聚。而后再次开启断层阀，凸起区高部位和陡坡带的油气同时沿断

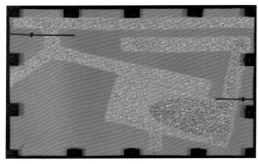

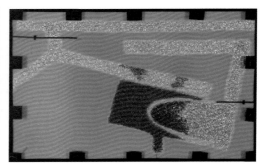

(a) 初始时刻　　　　　　　　　　　　(b) 油气充注15min, 断层静止

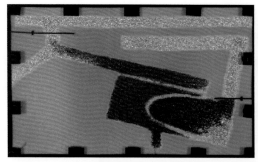 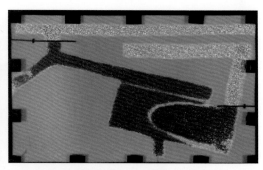

(c) 油气充注30min, 断层静止   (d) 油气充注40min, 断层开始活动

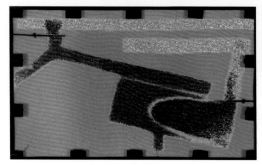 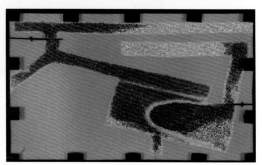

(e) 断层活动5min后, 静止5min   (f) 断层再次活动15min

图 3-15　凸起-陡坡带成藏物理模拟实验过程

层充注至浅层储层[图 3-15(f)]。与凸起区相比,油气沿陡坡带断层垂向运移速度慢、数量少。随着油气继续充注,大量的油气最终聚集于凸起区浅层储层内,陡坡浅层储层虽然也有一定量的聚集,但含油气范围远小于凸起区[图 3-15(f)]。

通过凸起-陡坡带成藏物理模拟实验结果可以分析得出,即使陡坡带内发育砂体型汇聚脊,凸起区高部位仍然是油气的主要汇聚指向。由于不整合输导层是油气侧向汇聚的长期运移通道,并且不整合切截烃源岩层,与有效烃源岩接触面积大,烃源岩生成的油气能够沿着不整合输导层快速向与之相邻的凸起区高部位汇聚脊汇聚成藏,因此即使陡坡带存在中转砂体,油气仍然主要沿着不整合输导层向凸起区汇聚,最终凸起区高部位浅层油气富集程度明显高于陡坡带。

3.1.6　实验小结

物理模拟实验证实,深层发育汇聚脊是浅层油气富集的必要条件:①高凸起型汇聚脊表现出强力的汇聚能力,使得高凸起区成为油气成藏的有利部位,在脊-断耦合优势配置下,凸起区浅层油气呈现出高丰度聚集的特征,相比之下,斜坡带只作为油气侧向输导的运移路径,造成油气运移"汇"而不"聚",从而难以在浅层形成油气聚集;②对于陡坡带而言,源内砂体型汇聚脊决定了浅层油气的富集和贫化,在陡坡带源内无砂体时,油气难以沿断层输导至浅层储层,而在陡坡带发育源内砂体型汇聚脊时,油气则可以沿着断层大量地向浅部运移并最终在浅层储层成藏;③对于斜坡区而言,在单一斜坡带背景条件下，由于深层不具有汇聚脊背景，浅层储层内几乎无油气聚集，而在斜坡带发育古隆起型汇聚脊的背景下，油气则可沿着断层向浅层输导，并在浅层圈闭内大量聚集成藏。

从物理模拟实验角度分析，汇聚脊的存在对浅层油气成藏的控制作用主要体现在两个方面：首先，油气可在古隆起内形成汇聚，从而为浅层圈闭提供充足的油气供给；其次，古隆起内先存的油气聚集可形成足够大的烃柱高度，可以产生足够的浮压，从而可为油气沿断层向浅层运移提供足够的动力。

3.2 汇聚脊控制的油气运移数值模拟

油气运移数值模拟是油气运移分析的重要方法。目前，主流的油气运移模拟分析方法主要有三种：其一，源内顺层油气运移模拟，该方法模拟了从烃源岩生成油气，然后顺层运移到圈闭成藏的运移过程，这个方法适合复杂断裂带深层源内的油气运移分析，显然不适合不发育烃源岩的复杂断裂带浅层；其二，漫灌运移模拟，该方法模拟了均匀油气充注下的油气运移路径，可以用于源外油气运移方向分析，但没有考虑与深层油气生成、运移和断裂垂向输导的关系，分析结果预测价值不大；其三，基于充注点的油气运移模拟，主要用于简单定向油气充注、运移分析，这个方法适合源外成藏，但复杂断裂带断裂众多，充注点难以识别，鲜有使用。

由于渤海浅层馆陶组和明化镇组不发育烃源岩，因此不能采用源内顺层油气运移模拟方法。在汇聚脊喷发式浅层充注成藏模式中，其直接油源来自汇聚脊之上断层型汇聚通道的充注，因此笔者采用基于充注点的油气运移模拟来对浅层油气运移进行分析。

在汇聚脊浅层充注成藏模式中，脊上断层型汇聚通道及其浅层充注点/段是浅层油气成藏的直接油源(图3-16)。只要能准确地预测充注点/段，就能预测、模拟浅层的油气运移。根据这个思路，创新提出基于汇聚脊垂向汇聚通道分析的油气运移模拟方法，该方法的步骤主要有两个：①汇聚脊源外断层型汇聚通道充注点/段识别；②优势/强充注点/段约束下的浅层运移模拟。

下文以蓬莱19-3油田围区和黄河口东洼为研究区，应用基于汇聚脊垂向汇聚通道分析的油气运移模拟方法，分别模拟分析了斜坡带到凸起区和凹陷区的油气运移。

3.2.1 斜坡带到凸起区油气运聚数值模拟

蓬莱19-3油田位于渤中凹陷东南部渤南凸起的最高部位，被渤中凹陷和庙西南洼所加持，是渤海最大的油田。蓬莱19-3油田围区斜坡带为油气从凹陷区运移到凸起区油田的必经之路，探勘程度较低，勘探潜力巨大(图3-17)。因此，以蓬莱19-3油田围区为靶区，根据浅层源外充注的成藏模式，采用基于汇聚脊垂向汇聚通道分析的油气运移模拟方法，预测从凹陷区到凸起区的油气运移路径。

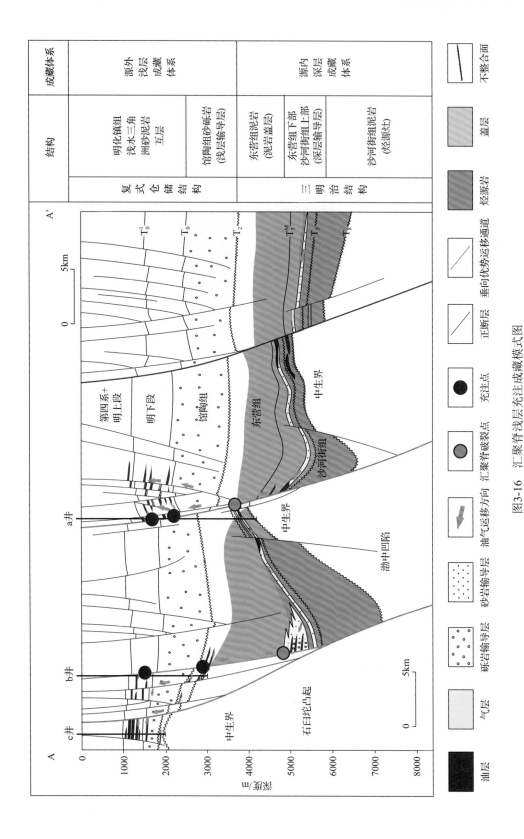

图3-16 汇聚脊浅层充注成藏模式图

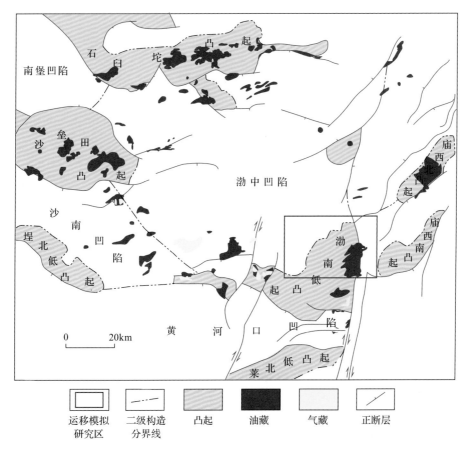

图 3-17 斜坡带到凸起区油气运移模拟区域位置图

1. 汇聚脊源外断层型汇聚通道充注点/段识别

根据上文断层汇聚型通道的形成条件，得到该通道在浅层充注点/段的识别标准：①切割深层汇聚脊或主要运移通道的贯通断层与浅层主要输导层搭接的断面；②斜坡带断点成藏期断距大于 80m，凸起区 30m；③断层深层盖层断接厚度小于 400m；④断面构造脊更容易形成充注点。

利用该识别标准在研究区搜索充注点/段。通过计算断层在走向上不同位置断点的断接厚度、断距等来寻找充注点/段。如果对研究区所有断层采用等间距断点采样分析，即使是 1 点/km 的采样密度，只计算 2 个层位，也会有超过 1000 个计算点。如果分析精度、分析层位和分析项目进一步提高，计算分析工作量就会成倍增长，费时费力，效率较低。

为了提高断层型汇聚通道分析的分辨率和工作效率，引入全断层大数据构造建模及其断裂分析，计算断裂的断距和断接厚度，计算精度可达到 100 点/km，计算分辨率扩大了 100 倍，完成三维构造建模下 5 个层系超过 550000 个断点的"大数据抽样分析计算"，实现了断层型汇聚通道源外充注点/段高分辨率搜索。

具体步骤为：①利用 Petrel 软件进行层面建模，对深层源内顺层油气运移进行模拟，得到深层的油气汇聚脊和主要油气运移路径及其汇聚油气的规模(图 3-18)；②通过断裂建模分析断裂与深层油气聚集和主要油气运移路径的搭接关系，确定贯通断层的类型；③通过构造三维模型，计算深层成藏体系贯通断层的断距、区域盖层厚度、断接厚度，并把Ⅰ型或Ⅱ型贯通断层中深层盖层断接厚度小于 400m、成藏期断层断距大于 80m 的断面标定为优势充注点/段(图 3-19)。

利用上述方法得到研究区潜在充注点/段、优势充注点/段、强充注点/段的分布特征。其中优势和强充注点/段仅占所有浅层断面的 10%，贯通断层中只有约 20%的断面成为充注点/段(图 3-19)。可见，研究区浅层断裂虽多，但优势和强充注点/段并不多，且都分布在汇聚脊之上晚期断裂活跃的区域，汇聚脊对浅层油气充注控制作用明显。

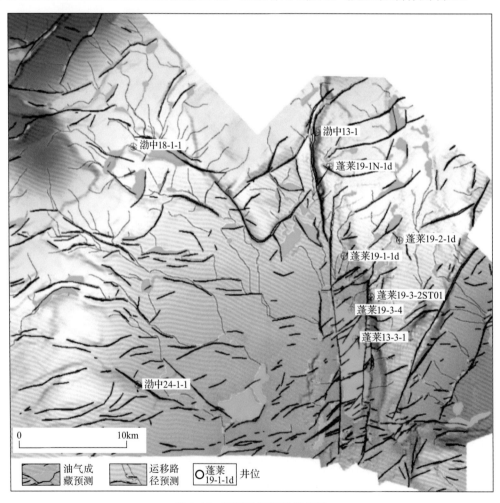

图 3-18　深层油气运移模拟图

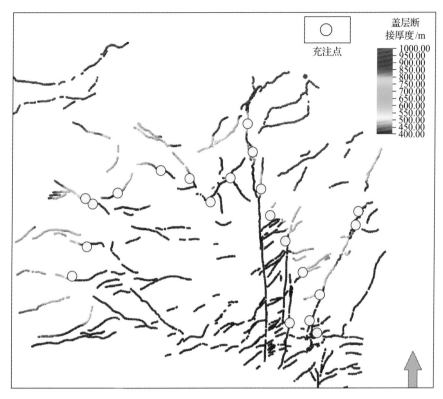

图 3-19 盖层断接厚度与充注点的识别图

2. 汇聚脊控制下的浅层运移模拟

在落实浅层充注点/段和断层截流条件的基础上，对研究区进行油气运移模拟，具体步骤为：①由于浅层主要的输导层是明下段下部富泥段下伏的馆陶组上部地层，因此选取明化镇组底作为控制层进行常规的构造建模和储集层建模；②进行断裂建模，设定所有断距大于 15m 的断层都具有一定的截流能力(相当于 60m 油柱高度)；③利用 Trinity 软件对之前分析落实的优势/强充注点/段进行定量充注和油气运移模拟，其每个充注点/段充注油气的体积，参考充注点所属断层型汇聚通道深层汇聚油气的定量规模。

模拟预测表明：汇聚脊通过控制充注点/段的分布控制了浅层成藏。浅层油气运聚主要集中在充注点/段附近，蓬莱 19 构造区充注点/段发育，含烃流体沿优势/强充注点/段注入浅层后，受复杂断裂带断层的截流和阻隔作用，截流成藏；渤中 18 构造区和渤中 24 构造区缺乏充注点/段，没有大规模的油气聚集。实际钻井揭示：蓬莱 19 构造区取得良好的油气发现，同时在渤中 18 构造区和渤中 24 构造区没有好的发现，模拟预测结果与研究区勘探成果一致，证实了模拟方法的可靠性(图 3-20)。

由此可见：凸起区蓬莱 19-3 油田区是侧向运移的终点，模拟中油气沿斜坡带运移到凸起区之后，无法侧向运移，只能沿断层输导通道垂向运移，形成复式油气聚集。凸起区有多条汇聚脊的油气注入，控制的汇烃面积最大，因此油气运聚最为活跃，成为亿吨级的大油田。同时，斜坡带汇聚脊的分布较为分散，汇烃面积较小，且在"暖气片"效应的影响下,浅层油气运移弱,断层型汇聚通道难以形成,加上斜坡带浅层圈闭较小,截流能力较弱,因此斜坡带的浅层油气发现较少。高凸起型凸起区汇聚油气的能力优于斜坡带。

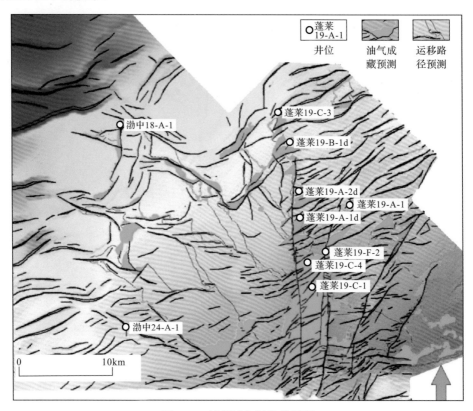

图 3-20　浅层油气运移模拟图

3.2.2　凹陷区油气运聚数值模拟

黄河口东洼位于环渤中凹陷东南部(图 3-21),晚期断裂及断块众多,属于复杂断裂带,初期钻井证明浅层新近系是其主要的成藏层系,但失利井较多,勘探成效并不理想。浅层油气优势运移路径不明制约了该区浅层的勘探。因此,以黄河口东洼为靶区,采用基于汇聚脊垂向汇聚通道分析的油气运移模拟方法,预测源外油气运移路径。

1. 汇聚脊断层型汇聚通道源外充注点/段识别

具体步骤为:①利用 Petrel 软件进行层面建模,对深层源内顺层油气运移进行模拟,得到深层的油气汇聚脊和主要油气运移路径及其汇聚油气的规模(图 3-22);②通过断裂建模分析断裂与深层油气聚集和主要油气运移路径的搭接关系,确定贯通断层的类型;③通过构造三维模型计算深层成藏体系贯通断层的断距、区域盖层厚度、断接厚度,并把 I 型或 II 型贯通断层中深层盖层断接厚度小于 400m、成藏期断层断距大于 80m 的断面标定为优势充注点/段(图 3-22～图 3-24)。

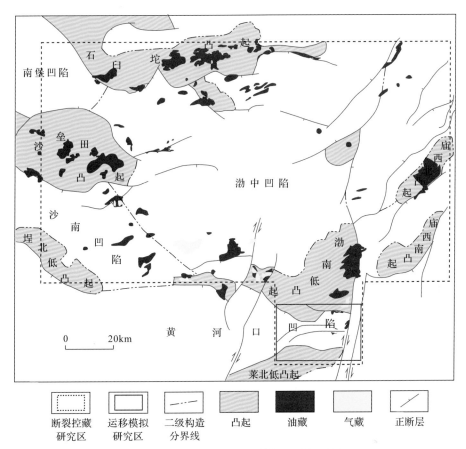

断裂控藏　　运移模拟　　二级构造　　凸起　　　油藏　　　气藏　　　正断层
研究区　　　研究区　　　分界线

图 3-21　凹陷区油气运移模拟区域位置图

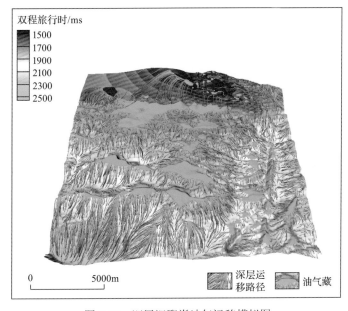

图 3-22　深层汇聚脊油气运移模拟图

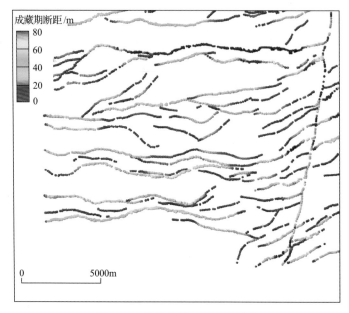

图 3-23 构造建模下的断距计算

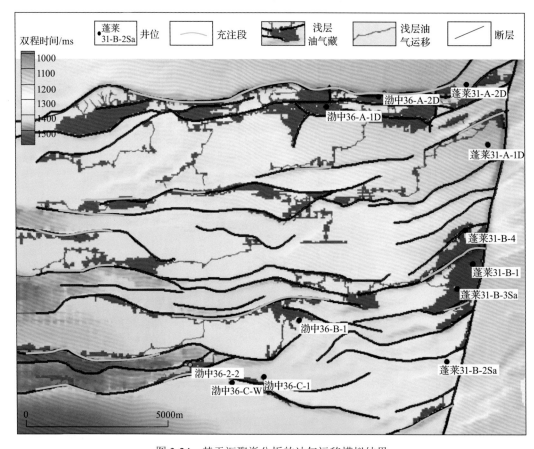

图 3-24 基于汇聚脊分析的油气运移模拟结果

利用上述方法得到黄河口东洼潜在充注点/段、优势充注点/段、强充注点/段的分布特征。其中优势和强充注点/段仅占所有浅层断面的 15%，贯通断层中只有约 25%的断面成为充注点/段(图 3-24)。可见研究区浅层断裂虽多，但优势和强充注点/段并不多，都分布在汇聚脊之上且晚期断裂活跃的区域，表明汇聚脊对浅层油气充注控制作用明显。

2. 汇聚脊控制下的浅层运移模拟

在落实浅层充注点/段和断层截流条件的基础上，对黄河口东洼浅层进行油气运移模拟，具体步骤为：①由于浅层主要的输导层是明下段下部富泥段下伏的馆陶组上部地层，因此选取明化镇组底作为控制层进行常规的构造建模和储集层建模；②进行断裂建模，设定所有断距大于 15m 的断层都具有一定的截流能力(相当于 60m 油柱高度)；③利用 Trinity 软件对之前分析落实的优势/强充注点/段进行定量充注和油气运移模拟，每个充注点/段充注油气的多少参考充注点所属断层型汇聚通道深层汇聚油气的定量规模。

模拟预测(图 3-24)：渤中 36-A 构造区和蓬莱 31-B 构造区充注段发育，油气成藏规模较大；蓬莱 31-B 构造区缺乏充注段，没有大规模的油气聚集；渤中 36-B 构造区虽然充注段较多，但由于浅层没有圈闭，油气在浅层充注之后，并没有就近成藏，而是向东运移到了蓬莱 31-B 区。实际钻探在渤中 36-A 构造区和蓬莱 31-B 构造区取得良好的油气发现，在蓬莱 31-B 没有好的发现，预测成功率高，证实了模拟方法的可靠性。

由此可见：渤中 36-A 构造和蓬莱 31-B 构造深部为凹中隆起型汇聚脊，邻近烃源岩，控制的汇烃面积较大，是凹陷区油气运移的局部终点，且脊上断层输导通道发育，油气运聚最为活跃，浅层的油气成藏更好。同时，汇聚脊低部位或远离汇聚脊的圈闭，如渤中 36-B 构造和蓬莱 31-A 构造，源内油气运移较为分散，无法大规模汇聚油气，油气运移较凹中隆起区弱，因此浅层油气发现较少。凹中隆起区汇聚脊控制了凹陷区的油气成藏。

3.2.3 数值模拟小结

通过以上凹陷区、斜坡带到凸起区的数值模拟，容易发现：①凹中隆起型汇聚脊和凸起区型汇聚脊通常被多个凹陷所夹，具有多源、多路径充注的优势，可以大规模汇聚油气，其浅层具有良好充注与成藏条件。②斜坡带油气除了垂向运移，还可以侧向运移，油气可能"过路不留"，而凸起区油气已经运移到高点，只能垂向运移，凸起区汇聚脊是油气运移的最终指向区。③在凹中隆型汇聚脊或者是凸起型汇聚脊局部运移终点，油气在难于侧向运移时，会"被迫"发生垂向运移，具有超饱和的油气充注与聚集，在垂向上形成大规模的多层位复式成藏。

第四章

汇聚脊对渤海海域浅层油气成藏的控制作用

渤海海域浅层油气为典型的源外成藏模式。浅层油气能否富集成藏的关键在于，既要把烃源岩生成的分散油气汇聚起来并向目标构造方向运移，即解决"汇"的问题，也要使油气在深部集中并向浅层目标圈闭内进行优势充注，即解决"聚"的问题。只有满足"汇"和"聚"两大要素，浅层才能形成规模型的商业油气藏。汇聚脊的存在恰恰满足了这样两个条件，在以源外成藏为特征的渤海浅层油气成藏过程中起着承上启下的关键作用。在本章中，立足于渤海浅层勘探的 5 类构造领域，分别从汇聚脊的成因演化、汇烃能力及浅层油气聚集规律 3 个方面，来详细阐释汇聚脊对不同构造带浅层油气成藏的控制作用。

4.1 高凸起强力汇聚作用与浅层成藏

凸起区是渤海海域最早开展勘探的构造区带，也是浅层发现大油田最多的二级构造带。高凸起一般指缺失整个古近系，上覆地层仅保留新近系的凸起。在凸起背景上，浅层圈闭类型多为背斜、断鼻构造，其下发育典型的凸起型汇聚脊。深浅层之间的大规模不整合面、深层内幕渗透性储集体以及沟通浅层的晚期活动的断裂是其主要组成要素(图 4-1)。此类汇聚脊面积最大，一般为 30~60km²；储量丰度高，约为 $284×10^4$~$567×10^4$t/km²；油层厚度也较大，约为 31~107m，平均为 51m；油柱高度最大可达 320m，平均为 26~78m。渤海油田早期勘探发现的蓬莱 19-3、秦皇岛 32-6 和曹妃甸 11-1 等一批亿吨级大油田皆位于凸起区，是目前渤海油田开发形势最好、产量贡献最多的油田。凸起型汇聚脊汇聚作用最强，是最为典型的汇聚脊，它的存在为凸起区浅层油气的富集提供了优越的条件，因此其浅层油气也最为富集。

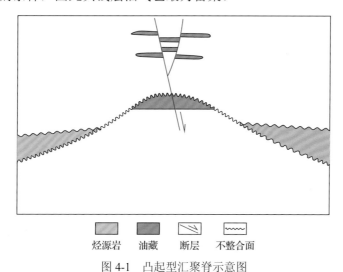

| 烃源岩 | 油藏 | 断层 | 不整合面 |

图 4-1 凸起型汇聚脊示意图

4.1.1 汇聚脊成因及演化

渤海凸起区浅层油气发现主要分布于环渤中地区的大型凸起带上(图 4-2)，从构造走向来看，渤中西部的石臼坨凸起、沙垒田凸起、埕北凸起主要受控于多方位断层控制，特别是 NW 向及 NE 向断层。区域构造演化研究表明这些凸起形成时间较早，多为中生代印支—燕山期形成的先存隆起构造，新生代接受继承性断拗改造，并最终定型，凸起主要受前新生代先存构造控制。渤海东南部的渤南低凸起处于郯庐走滑断裂带内，凸起构造形态复杂，目前研究表明，该凸起的现今隆凹构造格局可能主要与郯庐断裂带新生代的右旋走滑伸展作用相关，暂将其划为新生代构造控制型凸起。按照环渤中地区主要凸起带的形成时期及继承改造关系，分 2 种类型来讨论其成因及演化。

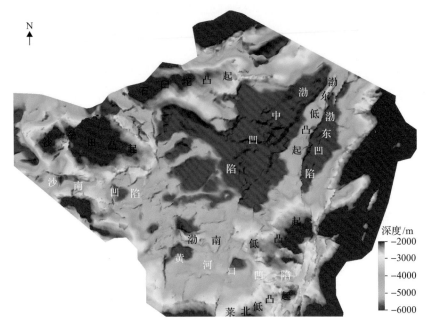

图 4-2 环渤中地区凸起形态及展布特征

1. 先存型凸起成因及演化

渤海湾盆地是在前古近系基底潜山之上发育而来的新生代盆地，在新生代盆地沉积形成之前，受中生代印支—燕山运动的控制，基底潜山经历了多期构造叠加作用，形成规模较大的巨型古隆起。这些古隆起在新生代的断拗成盆过程中得到大部分的继承和利用，易发育凸起型汇聚脊。渤海西部的沙垒田凸起、石臼坨凸起和埕北低凸起等皆属于此类。

继承型凸起汇聚脊多分布于渤中凹陷西部、北部，构造走向以 NW 向为主，内部受 NE 向断层分割。整体上，作为渤海内一个继承性发育的次级隆起构造带，这类凸起构造面积相对较大，幅度较大，长期的构造活动使其遭受不同程度的风化剥蚀，基底多为太古界变质花岗岩及古生界碳酸盐岩，新生代沙河街组碎屑岩直接覆盖于潜山风化面之上，部分凸起高部位处(如沙垒田凸起)东营组地层缺失，仅发育馆陶组及以上地层。而凸起周缘凹陷内地层保存完整，新生界自下至上依次为孔店组、沙河街组、东营组、馆陶组、明化镇组和第四系(夏庆龙，2012)。

继承型凸起汇聚脊受成盆前及成盆期多期构造应力作用的控制，断裂平面展布特征较为复杂，走向多变，优势走向为 NW 向、EW 向和 NE 向(图 4-3)，依据断裂的强度以及对构造单元的控制作用，可将断裂划分为一级断裂、二级断裂和三级断裂三个级别，其中一级、二级断裂作为凸起的边界断裂，长期活动，控制凸起的形成和演化，晚期活动规模较大的三级断层，对凸起上部起到切割的作用。特别是新近纪至第四纪以来的构造运动，主要以发育伸展断裂为主，在平面和剖线上表现出复杂的构造变形特征，对凸起形态的改造以及新生代构造圈闭的形成起到了至关重要的作用。可以说，对于继承型凸起汇聚脊，长期活动且具有分段特征的大断裂是控制其形成和展布的重要因素；在基底先存构造的控制下，盆地中新生代的多期活动控制了这类凸起型汇聚脊现今的构造形态。

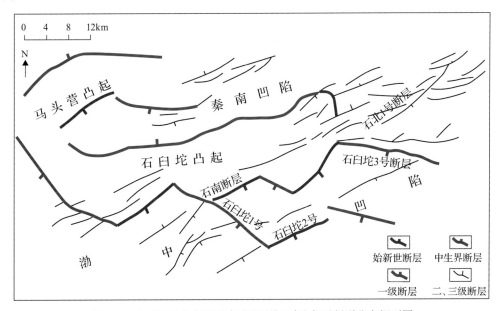

图 4-3　先存构造控制型凸起(石臼坨凸起)主要断裂分布纲要图

根据以上分析，这类凸起型汇聚脊的构造演化可以分为基底演化和盆地新生代演化两个主要的阶段(图 4-4)：先存构造在新生代盆地形成之前，中生代盆地经历了燕山期的构造演化，受古太平洋 NWW 向俯冲的影响，盆地内发育 NNE 向伸展构造，同时伴生一系列 NW 向变换构造。凸起边界的 NW 向断层段就是这个时期形成的，它们形成于新生代盆地之前，这一时期尚未发现 NE 向断层活动的迹象。而进入古始新世(孔店组—沙四段沉积时期)，整个环渤中地区的西北部，走滑作用对该地区作用较弱，区域上主要受古太平洋 NW 向俯冲，使得渤海海域新生一些 NE 向断层，同时受早期先存基底断裂的影响，基底部分 NNE 向断层复活，此时，发育一些近 EW 走向的断裂，断层下盘基底随之发生翘倾，但此时的凸起范围很小，秦南凹陷和渤中凹陷基本是相通的。

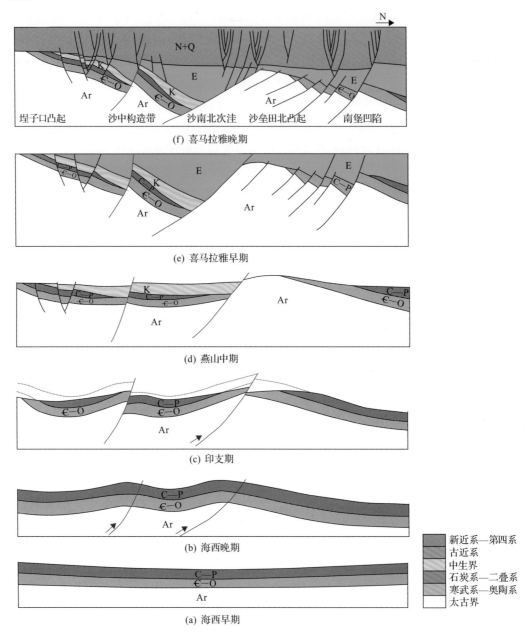

图 4-4　先存构造控制型凸起汇聚脊演化模式图

沙三段沉积初期基本继承了孔店组—沙四段时期的构造格局，断层以 NE 向为主，沙三段沉积末期，由于裂陷活动的增强，控制凸起的主干断裂分段连接成大断裂，下盘凸起发生大规模的构造抬升，地层抬升并遭受大范围剥蚀，形成 T_5 区域不整合面。

沙一段和沙二段沉积期，凸起边界断裂继续活动，凸起持续隆升，部分地区遭受剥蚀。此时受古太平洋板块 SN 向俯冲的影响，早期 NW 向、NE 向断层发生复活，并发生斜向伸展变形，部分 NE 型断层发生右旋走滑作用，改造、分割凸起之上的披覆地层。在东营组沉积期，渤中地区的裂陷作用再次加强，凸起的边界断层持续活动，导致东营组具有明显的生长地层特征。

馆陶组沉积期，渤海海域进入坳陷演化阶段，构造活动强度明显减弱，凸起区的断块差异升降运动也基本停止，自此以后凸起形态基本都未发生变化，以整体沉降接收沉积为主。

综上所述，继承型凸起汇聚脊为主干断层多方位分段活动控制的凸起，现今构造特征是盆地成盆前基底时期和成盆期共同控制的结果，NNE 向、NW 向及 NE 向构造分别形成于燕山期和喜马拉雅期。

2. 新生型凸起成因及演化

渤海湾盆地新生代变形主要为伸展-走滑复合变形，单纯伸展应力或走滑派生伸展也能形成凸起构造。此类凸起多为新生代 NE 向右旋走滑伸展断裂控制，对早期构造的继承性不明显，故谓之新生型凸起汇聚脊。

渤海海域此类凸起型汇聚脊多分布在中东部郯庐断裂带作用的地区，比如渤南凸起带东部、郯庐断裂东支等部位，这些区域是渤海海域浅层最有利的油气聚集区之一。新生型凸起构造规模较继承型凸起相对较小，基底为中生界白垩系的火山碎屑岩，古近系沙河街组砂泥直接超覆于潜山风化面之上，构造类型属于凸起背景上被晚期断层复杂化了的背斜构造。根据区域构造演化特征，郯庐断裂带长期强烈活动，特别是新近纪至第四纪以来的多次构造活动，对该构造的发育形成起到了重要作用。构造主体受控于两侧的主控断层，主控断层及派生次级断层把整个构造切割成若干个堑垒相间的断块。

从其所处的构造应力背景看，这类凸起往往位于走滑增压叠覆区，所谓的走滑增压叠覆区，是指多条走滑断裂首尾相互叠覆但不相互连接地交替排列，在右旋左阶叠覆和左旋右阶叠覆的部位，受局部应力场挤压，形成正向构造。受这种叠覆增压作用的影响，该构造为渤南地区的最高部位，易形成凸起型汇聚脊，为油气聚集的优势区。

新生型凸起的构造演化过程可分为以下几个阶段(图4-5)，孔店组—沙四段沉积时期主要受地壳深层韧性伸展变形作用，浅表发生伸展形成伸展断陷，并且在此基础上发育断层，这些断层主要是由于先存基底走滑断层的再活动所形成的。沙三段沉积时期，由于构造走向与区域伸展方向斜交，导致该地区沙三段地层沉积区有别于周边地区。沙一—二段沉积时期表现为伸展断坳盆地，从区域地层层序上看，沙二段与沙三段之间存在不整合接触关系。始新世末期，渤海湾盆地的断陷湖盆又一次萎缩抬升，并且沙三段顶部遭受剥蚀，形成了微角度不整合，多数凹陷内部是沙一—二段与沙三段及下伏地层的微角度不整合，与沙三段沉积时期相比，沙一—二段沉积时期的构造活动特征有明显差异。到了东营组时期断裂开始强烈活动，切割整个构造。走滑压扭作用主要发生在东营组末期和明化镇组沉积时期，古始新世整体处于斜向伸展变形过程，渐新世发生走滑增压，该地区构造整体抬升，地层遭受剥蚀，东侧受走滑影响小的区域保留了东营组的地层沉积。渐新世末期，裂陷作用基本结束，相应地发生了区域隆升和湖盆萎缩。上新世末期，该区处于张扭增压变形阶段，该凸起发生一定程度的抬升。由于郯庐断裂及其派生断层在晚期强烈活动，地层翘倾，加大了凸起幅度，其浅部新近系构造整体为一个埋藏浅、幅度大、面积大的断背斜圈闭。

从构造规模上来说，先存构造控制型凸起具有较高的构造幅度，整体规模大于新生构造控制的凸起，同时由于先存构造控制的凸起在深部具有早期的凸起背景，在构造演化的过程中，先存的凸起易暴露剥蚀，导致凸起不整合广泛发育。

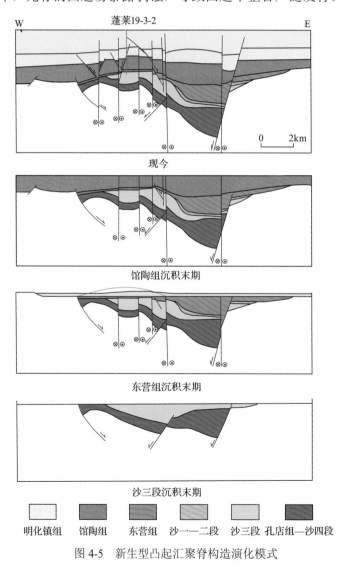

图 4-5 新生型凸起汇聚脊构造演化模式

4.1.2　汇聚脊汇烃能力

凸起型汇聚脊在深层具有凸起背景，不整合面渗透性地质体与烃源岩大面积接触，在成熟烃源岩的生排烃动力作用下，储集分散烃类，并在凸起背景造成的流体势能差异下，把低部位凹陷区(高势区)烃源岩生成的分散油气向高部位凸起区(低势区)运移，这一过程称之为汇聚脊的"汇烃"作用，它为凸起区浅层油气的富集成藏奠定了良好的基础。

汇聚脊汇烃过程具体是指油气从烃源岩向汇聚脊运移的过程，烃源岩生成的油气经初次运移分别进入烃源岩上覆和下伏的地层，然后开始油气的二次运移。在渤海湾盆地，沙三段是主要的烃源岩层，其生成的油气向下进入 T_8 不整合，向上排烃至 T_5 不整合，或向上向下排至与烃源岩相邻的砂体输导层中。不整合和断层作为主要二次运移路径，油气沿不整合和断层向凸起带汇聚脊方向运移。由于 T_8 不整合和 T_5 不整合在凸起带之上重合，导致油气在凸起带上主要沿 T_8 不整合运移。渤海湾盆地凸起区浅层大量勘探实践证实，凸起区浅层油气的富集程度与凸起型汇聚脊汇烃能力关系密切，而凸起型汇聚脊汇烃能力的大小，在不考虑烃源岩生排烃强度的条件下主要取决于其凸起形态和不整合面组成要素的差异，将其总结为以下几点：汇聚脊面积、汇聚脊幅度、汇聚通道的物性和厚度。

1. 汇聚脊面积

凸起型汇聚脊从构造展布特征上来说，在三维空间上是一个正向构造，其上部被能够封闭油气的盖层覆盖，汇聚脊本身则是由具有储集性和渗透性的不整合风化带构成。汇聚脊能够聚集油气的规模由汇聚脊的空间展布特征和汇聚脊自身的物性特征共同决定。其中，展布特征主要反映在汇聚脊面积和幅度等构造要素上。与汇聚脊连接的有效烃源岩达到成熟后排出油气并经初次运移进入汇聚脊的汇聚通道内。受浮力的作用油气在地层中主要为垂直向上或顺地层上倾方向斜向上运移，而凸起型汇聚脊自身的正向构造特征保证了油气一旦进入汇聚脊内，即沿不整合向凸起高部位汇聚，并在汇聚脊内形成初次的聚集。汇聚脊的规模越大，往往越有利于油气的初次聚集，因此，影响汇聚脊汇聚油气的主要因素之一为汇聚脊的面积。

汇聚脊面积是指在油气运移时期汇聚脊能够聚集油气的闭合面积，即汇聚脊在平面上的垂直投影面积。汇聚脊面积对汇聚脊聚油气规模的控制主要体现在两方面：一方面汇聚脊理论上可汇聚油气量可以通过汇聚脊面积、厚度和孔隙度的乘积进行表征，因此，在孔隙度与厚度一定的情况下，随汇聚脊面积增加，相应的汇聚脊的储集油气能力也会增加；另一方面，汇聚脊面积的增加，可以增加汇聚脊与有效烃源岩的接触面积(源-脊接触面积)，相应的可以增加捕获油气的概率。在渤海湾盆地，凸起型汇聚脊面积相对较大，如石臼坨凸起和沙垒田凸起均在 1000km^2 以上，蓬莱 19-3 凸起的汇聚脊面积也达到 527km^2 (图 4-6)。

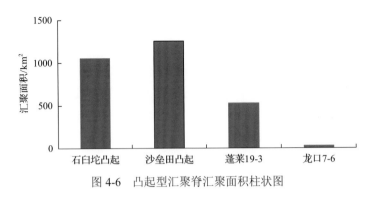

图 4-6　凸起型汇聚脊汇聚面积柱状图

2. 汇聚脊幅度

构造幅度通常指的是背斜构造最高点至区域倾斜面的垂直距离。汇聚脊幅度则是用于刻画油气在汇聚脊中的运移动力特征,这与传统的构造幅度概念不同,汇聚脊幅度与脊的倾斜程度有关。因此,对于凸起带汇聚脊的幅度主要是利用"角度"来表征。该"角度"是通过选取供烃凹陷最低点和凸起带最高点,量取两点之间的水平距离和垂直距离,求得"角度"的正切值,进而求出反映汇聚脊幅度的"角度"值。该"角度"大小是影响运移动力的重要因素。

油气二次运移的动力包括浮力、水动力和毛细管力(Schowalter,1979;张厚福,1999;柳广弟等,1999),其中浮力为主要动力。浮力大小由烃水密度差决定[式(4-1)],其方向垂直向上。

$$F_{浮力} = (\rho_w - \rho_h)Hg \tag{4-1}$$

式中,ρ_h、ρ_w 分别为烃、水的密度;H 为烃柱高;g 为重力加速度。

浮力梯度是单位水平距离浮力的大小,在倾角为 α 的倾斜地层处浮力梯度为

$$\frac{dF}{dL} = \Delta\rho g \frac{H}{L} = \Delta\rho g \tan\alpha \tag{4-2}$$

式中,$\Delta\rho$ 为烃水密度差;α 为地层倾角;L 为水平距离。由式(4-2)可以看出高倾角的构造,在很小的平面范围内就可以产生很高的垂直烃柱,平缓构造则需要有很大面积的连续砂体才能产生相同高的垂向烃柱。在其他条件类似的情况下,输导层倾角越大则输导动力越强(王朋岩等,2011)。

由于烃源岩向凸起带的运移路径倾角变化较大,因此利用前文定义的"角度"来表征运移路径的整体倾角,该倾角值越大,反映汇聚脊幅度越大,相应的运移动力越充足。石臼坨凸起 T_8 不整合位置高,且油源主要来自渤中凹陷沙三段烃源岩,埋藏较深,因此石臼坨凸起对应的幅度大。沙垒田凸起 T_8 不整合埋藏深度和石臼坨凸起相当,烃源岩深比石臼坨凸起浅,对应幅度小。而蓬莱 19-3 汇聚脊西北斜坡部位发育多个呈指状深入凹陷的输导脊,倾角较小,幅度也较小(图 4-7)。因此,从凸起带汇聚脊幅

度看，石臼坨凸起汇聚脊的运移动力最大，龙口 7-6、蓬莱 19-3 和沙垒田凸起的运移动力依次减弱。

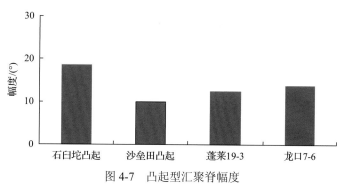

图 4-7　凸起型汇聚脊幅度

3. 汇聚通道的物性和厚度

汇聚脊能够聚集油气的规模由汇聚脊的展布特征和自身的物性特征决定。由于渤海湾盆地凸起汇聚脊汇聚通道主要是由不整合半风化岩石构成，因此不整合面的物性特征影响了汇聚脊的汇烃效率。作为渤海海域汇聚脊汇烃主要通道的 T_8、T_5、T_2 三套不整合对油气运移影响明显(邓运华，2012)。T_8 界面形成于中生代末至古新世的区域构造抬升阶段，基岩风化壳发育，是油气向潜山储集层运移的重要通道。T_5 界面形成于喜马拉雅运动Ⅲ幕的构造抬升阶段，与上覆沙二段砂体输导层共同构成了深层油气侧向运移的重要输导通道。T_2 界面形成于喜马拉雅运动Ⅳ幕，与其上发育的馆陶组辫状河砂体输导层匹配，构成了浅层油气侧向运移的重要输导通道。在渤海海域，中生界花岗岩(蓬莱 9-1 油田)、古生界碳酸盐岩(渤中 28-1 油田)、元古界变质岩(蓬莱 20-2 构造)、中生界火山岩(蓬莱 7-1 构造)及太古界变质岩(锦州 25-1S 油田)等均发现了油气藏或油气运移痕迹，这表明油气从深凹区到凸起区，沿不同岩性潜山不整合面半风化岩石运移路径是通畅的(张宏国等，2018)。

不整合面半风化岩石物性和厚度是影响凸起型汇聚脊汇聚油气和输导油气的重要因素。从汇聚空间角度来看，孔隙度越大，汇聚脊储存油气的能力越强，而当汇聚脊作为油气运移通道时，孔隙度越大，孔喉半径越大，孔隙与喉道半径差值越小，相应的岩层渗透性越好，越有利于油气的二次运移。以 T_8 之下半风化岩石的物性特征为例，其孔隙度分布介于 2.3%～25.1%，渗透率分布范围为 0.07～600.1mD(图 4-8、图 4-9)，总体上表现出较好的储集和输导油气能力，这为 T_8 不整合半风化岩石作为连续的横向输导层提供了条件。

对于凸起型汇聚脊，除了脊面积和孔渗特征外，不整合之下半风化岩石的厚度也是影响汇聚脊聚集油气量的重要指标。在汇聚脊面积和不整合孔渗特征一定的条件下，半风化岩石厚度越大，汇聚脊在垂向上能够聚集油气的空间越大。斜坡带到凸起带之上半风化岩石岩性不同，半风化岩石厚度变化大，如太古界花岗岩半风化岩石厚度 73～

183m，中生界火山岩半风化岩石厚度主要分布在 47～118m（表 4-1），碳酸盐岩半风化岩石厚度 68～140m。

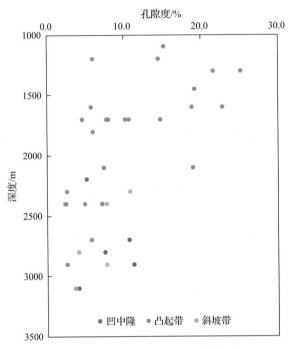

图 4-8　不整合面以下平均孔隙度分布

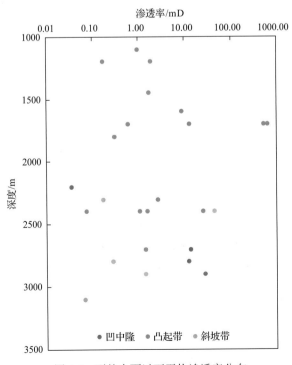

图 4-9　不整合面以下平均渗透率分布

表 4-1　渤海海域 T_8 之下半风化岩石发育特征

探井	时代	岩性	厚度/m
渤中 28-1	古生界	碳酸盐岩	68～140，平均为 89
锦州 20-2-3	太古界	花岗岩	132
锦州 25-1S-2	太古界	花岗岩	183
锦州 25-1S-5	太古界	花岗岩	73
锦州 20-2-6	中生界	火山岩	56
渤中 13	中生界	火山岩	50
蓬莱 7-1-1	中生界	火山岩	47
秦皇岛 32-7-1	中生界	砂岩、火山岩	118
锦州 20-2-1/7	中生界	火山岩	100～105

渤海海域 T_8 不整合之下半风化岩石岩性复杂，不仅有中生界火山岩和碎屑岩，亦有古生界碳酸盐岩、太古界变质岩。不整合半风化岩石对应的母岩岩性不同，其物性和厚度差异大。T_8 不整合下变质岩、碳酸盐岩和火山岩孔隙度和厚度总体上随着深度的增加而降低。而各岩性岩石的渗透率特征总体与孔隙度成指数关系，随孔隙度增大，渗透率升高。其中，变质岩和碳酸盐岩在孔隙度大于 10% 时，渗透率可以达到几百毫达西，而中生界火山岩在高孔隙度条件下，渗透率也仅为几十毫达西。

为了更准确地研究不整合运移通道的输导能力，在分析不整合半风化岩石物性时需对不同时代、不同岩性（火山岩、碎屑岩、碳酸盐岩、变质岩）岩石物性分别进行分析，建立孔隙度与深度的关系，以及孔隙度和渗透率的关系。在对汇聚脊不整合之下半风化岩石特征进行评价时，若汇聚脊缺少实测数据，可利用半风化岩石孔隙度和深度的关系来预测孔隙度，利用半风化岩石孔隙度和渗透率的关系来预测渗透率（图 4-10）。

其中，石臼坨凸起 T_8 之下半风化岩石岩性复杂，包括中生界火山岩、古生界碳酸盐岩、太古界花岗片麻岩，据统计，石臼坨凸起之上火山岩、变质岩、碳酸盐岩面积比为 5∶7∶8。而沙垒田凸起 T_8 之下半风化岩石岩性是太古界变质岩，蓬莱 19-3 和龙口 7-6 汇聚脊 T_8 之下岩石是火山岩。通过孔隙度、渗透率和半风化岩石厚度与面积比例关系即可得到石臼坨凸起、蓬莱 19-3 等构造不整合半风化岩石的物性和厚度参数（图 4-11～图 4-13）。

4.1.3　浅层油气聚集特征

凸起型汇聚脊在深层的汇烃作用为浅层油气的富集成藏奠定了基础，而油气由深层向浅层目标区调整充注并最终聚集成藏，除了在深层具有汇烃背景外，还需要切脊断层的沟通和浅层输导体系。渤海海域在新构造运动的控制下，晚期断裂体系广泛发育，凸起区浅层构造在晚期断裂的沟通下与深层油气沟通，最终在浅层新近系聚集成藏。在这一过程中，深层汇聚脊的汇烃能力控制浅层成藏规模，晚期断裂垂向输

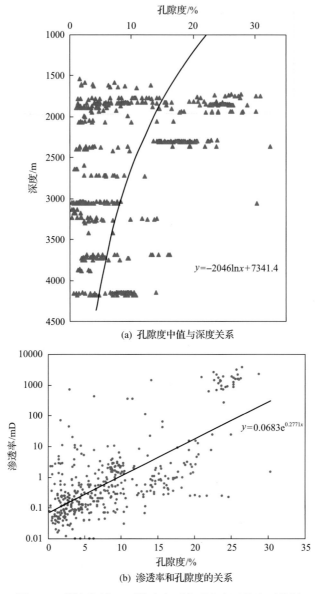

(a) 孔隙度中值与深度关系

$y=-2046\ln x+7341.4$

$y=0.0683e^{0.2771x}$

(b) 渗透率和孔隙度的关系

图 4-10　渤海海域 T_8 不整合之下变质岩半风化岩石特征

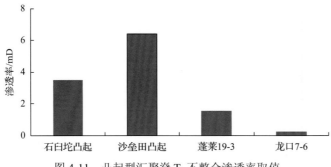

图 4-11　凸起型汇聚脊 T_8 不整合渗透率取值

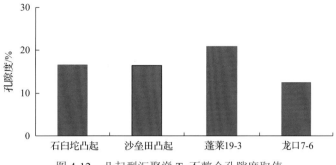

图 4-12 凸起型汇聚脊 T_8 不整合孔隙度取值

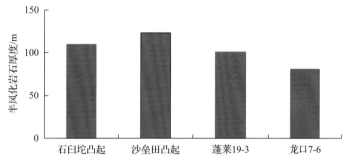

图 4-13 凸起型汇聚脊 T_8 不整合半风化岩石厚度

导能力及其与浅层砂体的耦合程度以及与深层脊的配置关系对浅层油气的聚集成藏也具有重要的控制作用。

1. 汇聚脊聚集能力控制浅层油气成藏规模

凸起型汇聚脊的汇烃能力受控于汇聚脊面积、幅度和汇聚通道物性和厚度等因素。利用汇聚脊汇聚面积、汇聚通道厚度以及汇聚通道孔隙度的乘积表征汇聚脊的规模，该参数实质反映了汇聚脊的聚烃规模；用汇聚脊幅度和汇聚通道渗透性来表征汇聚通道的输导能力(幅度越大，运移动力越强；不整合渗透性越强，输导通道连通性越强)。渤海海域凸起型汇聚脊中，沙垒田凸起聚烃规模最大，其次为石臼坨凸起和蓬莱 19-3 构造，龙口 7-6 构造的聚烃规模最小，其中汇聚脊汇聚面积对聚烃规模的影响最大(图 4-14)。在输导能力方面，石臼坨凸起、沙垒田凸起和蓬莱 19-3 汇聚脊汇聚通道的输导能力较强(图 4-15)。

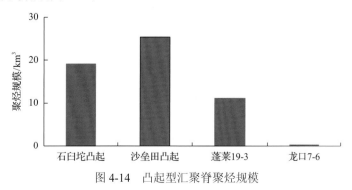

图 4-14 凸起型汇聚脊聚烃规模

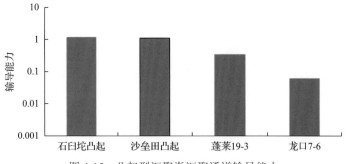

图 4-15　凸起型汇聚脊汇聚通道输导能力

通过对凸起型汇聚脊的聚烃规模、汇聚通道输导能力与汇聚脊对应的浅层地质储量的相关分析,它们与储量均呈现较好的正相关性(图 4-16、图 4-17),随着汇聚脊的聚烃规模的增大和汇聚通道输导能力的增强,相应汇聚脊的浅层地质储量随之升高。其中,聚烃规模与浅层地质储量相关性特别显著。因此,对于凸起型汇聚脊,汇聚脊的规模大小真正决定了深层汇聚脊的汇聚能力,从而控制了浅层油气的富集程度。

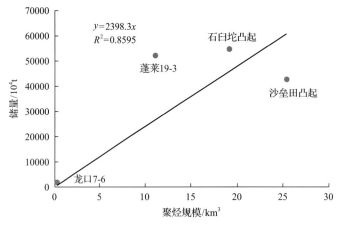

图 4-16　凸起型汇聚脊聚烃规模与储量关系

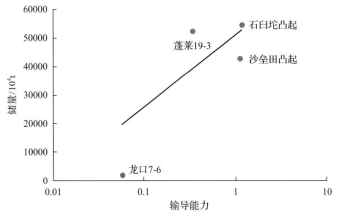

图 4-17　凸起型汇聚脊汇聚通道输导能力与储量关系

2. 凸起-断层配置关系控制凸起区浅层油气充注能力

凸起型汇聚脊在深层的汇烃作用为浅层油气的富集成藏奠定了基础，而油气由深层向浅层目标区调整充注并最终聚集成藏，除了在深层具有汇烃背景外，还需要切脊断层的沟通。渤海海域在新构造运动的控制下，晚期断裂体系广泛发育，凸起区浅层构造在晚期断裂的沟通下与深层油气沟通，最终在浅层新近系聚集成藏，在这一过程中，晚期断裂垂向输导能力及其与深层脊的配置关系对浅层油气的聚集成藏也具有重要的控制作用。

凸起型汇聚脊在深层具有强大的汇烃能力，而油气能否从深层充注浅层圈闭中，切脊断层的沟通是必要条件。不同的脊断配置关系控制了浅层的充注条件，进而影响了油气成藏与否和油气富集程度。进一步研究表明，在深层汇聚脊和晚期断层均配置完整的条件下，切脊断层沟通深层构造脊的不同位置时，浅层圈闭的油气富集程度也有差异(表 4-2)。整体上，断层切脊的部位越高，越有利于深层汇聚的油气向浅层充注。当断层切在汇聚脊的相对低部位时，高部位的油气则难以向浅层运移，因此浅层成藏效果相对较差。

表 4-2　"脊-断"配置关系与油气运移能力

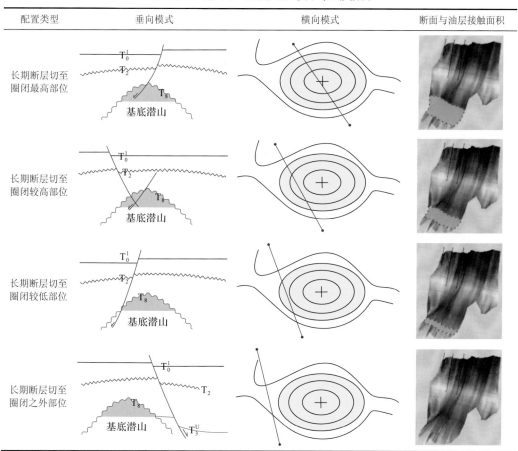

配置类型	垂向模式	横向模式	断面与油层接触面积
长期断层切至圈闭最高部位			
长期断层切至圈闭较高部位			
长期断层切至圈闭较低部位			
长期断层切至圈闭之外部位			

不仅断层发育在脊上的位置对浅层油气充注有影响，沟通汇聚脊和浅层圈闭的断层自身输导能力也是控制浅层油气充注的重要因素，活动期断层垂向输导能力越强，自然更加有利于深层汇聚的油气向浅层充注。活动期断层影响因素较为复杂，主要的影响因素可以归结为两大方面，一是错断地层的沉积结构，泥岩发育程度高的地层错断后断层带内泥质含量高，因此活动期渗透率相对较低；另一方面是断层自身规模大小，断层规模越大输导能力越强。不同级次的断层垂向输导能力存在较大的差异，断裂级次越高，断层规模越大。因此，在相同的地层结构条件下，高级次的断层其输导能力往往更强。因此，汇聚脊与高级次的大型断裂配置，是利于浅层油气成藏的优势组合。而凸起区高部位一般仅发育四级或五级的小型断裂，相对高级次的大型断裂其延伸长度和断距较小。但凸起区高部位潜山顶面之上被高砂地比馆陶组覆盖，泥岩层发育较少。因此，在凸起区之上高砂地比的馆陶组地层复合作用下，凸起型汇聚脊与四级断裂配置的条件下仍然有利于油气沿着断层向更浅层系的明化镇组运聚成藏。

3. 凸起区次级断层-砂体耦合关系控制凸起区浅层圈闭油气充注效果

在凸起区浅层油气成藏过程中，既要考虑深层汇聚油气向浅层的充注条件，即"脊"和"断"的配置关系，同时也要考虑油气调整至浅层后"断"和"砂"的耦合关系，"断"指的是晚期发育的切入汇聚脊的沟通断裂，决定油气进一步向浅层圈闭运移的能力；"砂"指的是新近系明化镇组或馆陶组砂岩储层圈闭。砂体的发育特征及其与切脊断层的接触程度决定浅层圈闭的含油面积及最终油气的充注程度。关于砂体与油气输导断层的接触程度对浅层油气成藏的控制作用前人已经做过大量的研究(李慧勇等，2013；付广等，2014；王德英等，2020)。前人研究得出油气输导断层与浅层砂体有效接触是断-砂匹配条件下侧向分流输导油气的前提，浅层砂体形成的构造-岩性圈闭形成油藏，首先需要与油源断层接触才能捕获油，并且砂体与输导断层接触面积越大，越有利于油气侧向分流，油藏高度越大，油富集程度越高。

在新近纪，渤海海域成为整个渤海湾盆地的沉积沉降中心。馆陶组—明化镇组沉积期除了发育辫状河、曲流河沉积外，还发育多个湖盆萎缩期的滨浅湖及极浅水三角洲沉积。这一时期以极浅水三角洲平原-前缘沉积为主，地形坡度缓，单个砂体席状化程度高、展布范围广、面积大，纵向上多期砂体容易相互叠置，明显区别于以往的孤立浅水湖泊的周缘三角洲和以往的河流-湖泊相勘探，形成一套巨厚的岩性圈闭叠合体。地震分辨率内可识别的地质砂体在平面上形成的岩性圈闭面积最大超过 $10km^2$，单个砂体的厚度较大，约为 $10\sim30m$。多期大规模砂体为规模性岩性圈闭的发育、断砂耦合进行有效的油气沟通奠定了良好基础。

相关研究表明，凸起区砂体几何形态对其浅层油气富集程度有重要影响。凸起区岩性油气藏主要发育在明下段浅水三角洲砂体中，充满度在一定程度上反映了砂体的油气聚集程度。在相同的油气充注情况下，砂体本身几何形态影响充满度的大小，主要表现为三个方面(图4-18)：

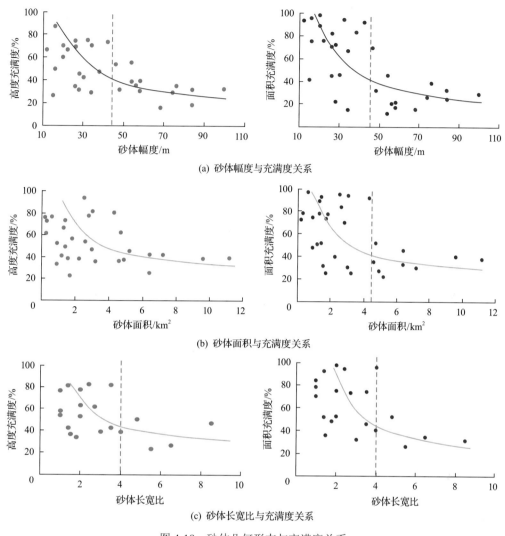

(a) 砂体幅度与充满度关系

(b) 砂体面积与充满度关系

(c) 砂体长宽比与充满度关系

图 4-18　砂体几何形态与充满度关系

(1)砂体幅度对充满度具有明显的控制作用,无论是高度充满度还是面积充满度均整体与砂体幅度呈现负相关关系,即随着砂体幅度的增加,充满度呈现逐渐减小的趋势。充满度主要分布在幅度小于 45m 的砂体,并且变化范围比较大,高度充满度为 26.6%～87.5%,面积充满度为 45.0%～98.3%,砂体幅度大于 45m,充满度普遍偏低,整体在 50%以下。

(2)砂体面积与充满度总体呈现负相关关系,砂体面积越大,充满度呈现降低的趋势。统计分析也进一步表明,岩性油藏主要发育在面积小于 4.5km² 的砂体之中,充满度相对集中。砂体面积小于 4.5km²,高度充满度和面积充满度与砂体面积之间不具有相关性,均呈杂乱分布的特征,并且分布范围比较广,高度充满度为 15.0%～87.5%,面积充满度为 16.1%～98.3%,在砂体面积大于 4.5km² 之后,充满度普遍较低,整体在 40%以下。

(3)砂体的长宽比与充满度总体上呈现负相关关系，随着砂体长宽比的增大，充满度呈现降低的趋势，但砂体长宽比越小，充满度分布越集中。当砂体长宽比小于4时，无论是高度充满度还是面积充满度，整体上都较大并且分布比较集中，充满度多数都大于40%；当砂体长宽比大于4时，充满度零星分布且小于40%，这也在一定程度上表明，砂体的形态越接近朵体、席状，充满度越大。

除了砂体形态能够影响浅层油气的充满程度以外，晚期断裂的活动性也对其有重要控制作用。受新构造运动的控制，凸起区浅层晚期断裂发育，并在凸起背斜构造背景上与浅层砂体共同形成构造-岩性或岩性圈闭。

以石臼坨凸起浅层秦皇岛33-1构造区为例，油气成藏条件分析表明，石臼坨凸起晚期断裂的发育对油气成藏具有重要的控制作用，断层活动性的差异导致了断层对油气输导能力的不均衡性，进一步影响了岩性圈闭的充满度。从对石臼坨凸起40余个岩性油藏充满度与断距的统计分析来看(图4-19)，当断距小于35m时，充满度变化范围比较大，高度充满度最小为26.6%，最大可达87.5%，面积充满度最小为15.0%，最大可达98.3%；当断距超过35m，无论是高度充满度还是面积充满度，均随着断距的增大而减小。

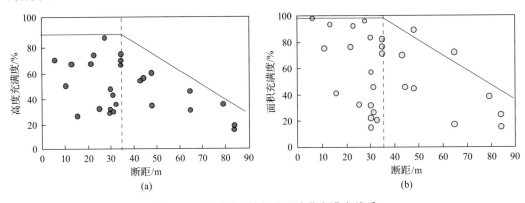

图 4-19　断层活动性与浅层油藏充满度关系

总的来说，油气如何能够在浅层目标构造及岩性圈闭中聚集起来，与沟通油源断层及浅水三角洲砂体的耦合配置关系密切。从断层-砂体的接触关系来看，包括断层与砂体产状一致的正向断层模式，油气往往在断层上升盘圈闭中聚集，而断层与砂体产状相反的反向断层模式中，油气赋存在断层下降盘圈闭中。与断层接触附近砂体位置较低，向两侧均抬升的反屋脊式最有利于油气聚集，与之相反的屋脊式油气成藏机会较小(图4-20)。

在凸起区浅层，大多数地层产状与大断层组合为反向正断式，油气主运移和聚集方向是下降盘储层，其上升盘多为水层(薛永安等，2016)。在下降盘中，逆牵引构造是最优势的运移指向区，油层通常厚且丰度高。已有研究表明，砂体与油气运移断层的接触程度影响了油气在岩性圈闭中的充满程度(王德英等，2018)。以石臼坨凸起浅层秦皇岛 33-1 构造为例，从已钻井断层与砂体接触长度和岩性圈闭内烃柱高度关系来看，存在一定的正相关关系(图 4-21)，但当断-砂接触长度超过 3km 后，接触长度增大，烃柱高度值并未发生明显变化，这也和前述油气的充注能力与断层、砂体配置样式及断层活动性多种因素相关一致。

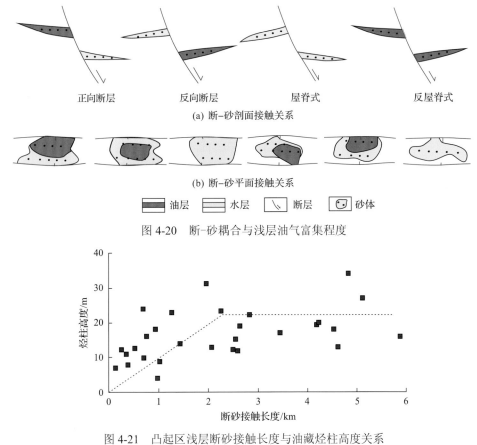

(a) 断-砂剖面接触关系

正向断层　　　反向断层　　　屋脊式　　　反屋脊式

(b) 断-砂平面接触关系

油层　　水层　　断层　　砂体

图 4-20　断-砂耦合与浅层油气富集程度

图 4-21　凸起区浅层断砂接触长度与油藏烃柱高度关系
以秦皇岛 33-1 构造为例

4.2　凹中隆中强汇聚作用与浅层成藏

凹中隆起型汇聚脊是指发育在凹中隆起区的汇聚脊，凹中隆起因处于凹陷内部，周围一般被古近系烃源岩包绕。与凸起型汇聚脊相比，在形态特征上二者具有相似性，但又有很大的区别：从源脊关系来看，凸起型汇聚脊是源外成藏，属于远源型汇聚脊，而凹中隆起型汇聚脊则属于近源型汇聚脊；从脊断关系来看，凸起型汇聚脊因在凸起带不发育巨厚的古近系泥岩盖层，使得油气更容易通过断层运移至浅层成藏，而凹中隆起型汇聚集油气调整到浅层聚集时还要受上覆古近系泥岩盖层的制约。凹中隆起型汇聚脊组成要素主要是不整合和断层(图 4-22)。油气在主要排烃期，源岩排烃至 T_5、

T₈ 两层不整合中，在不整合连续的情况下向汇聚脊方向二次运移，在断层活动期油气向上调整至浅层圈闭中。

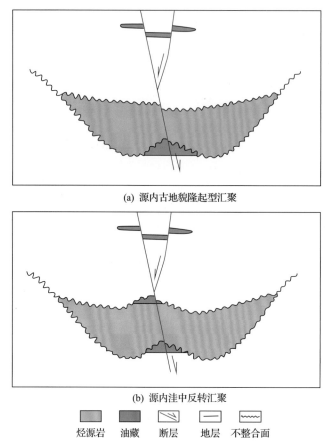

(a) 源内古地貌隆起型汇聚

(b) 源内洼中反转汇聚

| 烃源岩 | 油藏 | 断层 | 地层 | 不整合面 |

图 4-22　凹中隆起型汇聚脊组成要素示意图

4.2.1　汇聚脊成因及演化

　　渤海海域凹中隆起型汇聚脊主要指凹陷中古地貌隆起型汇聚脊，即发育在凹陷区内的不同规模的次一级隆起构造，主要包括倾没端高地、反转洼中隆和晚期活动断裂等组成要素，此类构造整体位于凹陷内，相较凸起而言，规模不大，但该类型构造广泛分布在渤海海域地区。结合盆地大地构造背景，可知渤海海域新生代构造变形是在伸展-走滑双动力源背景下形成发育的，其中西部地区伸展变形强，越向东接近郯庐断裂带走滑变形越强，因此，结合这一规律，可以将凹中隆型构造划分为西部伸展型凹中隆构造、中部伸展-走滑型凹中隆构造及东部走滑型凹中隆构造。按照这种分类对渤海海域凹中隆起型汇聚脊的成因及演化进行讨论。

1. 伸展型凹中隆成因及演化

渤海湾盆地新生代构造演化受控于太平洋板块俯冲背景下的地幔物质上涌产生的伸展，以及 NNE 走向郯庐断裂带的走滑作用。渤海海域西部主要发生伸展变形，因此在凹陷中形成的古隆起主要是伸展成因的，渤中 8-4 构造、曹妃甸 12-6 构造等都属于这类凹中隆汇聚脊。

伸展型凹中隆汇聚脊主要位于渤海海域西侧，走向以 NW 向和 NE 向为主，属于凹中隆构造，古隆起上被多条次级断层切割(图 4-23)。剖面上发育深浅两套独立的断裂系统，断层活动继承性较差，深部断层以 NW 向、NEE 向为主，浅层断裂以近 EW 向为主(图 4-24)。

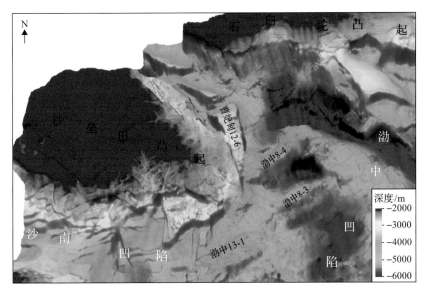

图 4-23 伸展型凹中隆构造立体形态图

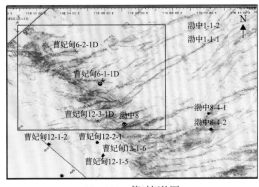

(a) 1000ms 等时切片图

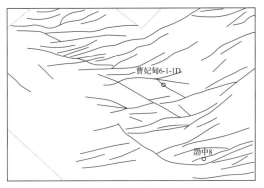

(b) 浅层断层素描图

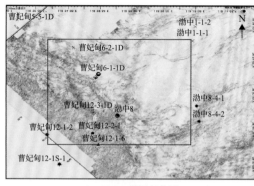
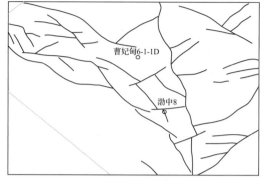

(c) 2500ms等时切片图　　　　　　　(d) 中深层断层素描图

图 4-24　伸展型凹中隆构造不同深度方差切片及断裂特征

　　渤海海域西部伸展区受中-新生代长期活动的 NW 向、NNE 向两个走向段控制，分别发育 NW 向和 NE 向两个方位的构造脊。基底多方位的汇聚脊形成时间及成因机制是不同的。通过分析伸展型凹中隆演化过程[图 4-25(a)]，中生界之前，NW 走向的断层就已经存在，到了中生代晚期(燕山晚期)，主干断层 NW 向段活动，控制中生代地层沉积在断层上盘，古新世—渐新世早期，主干边界控制地层沉积更加明显；对于 NW 向隆起构造来讲，受 NW 向张家口—蓬莱断裂带的影响，中部发育中央走滑带，并新生两条走滑断层，整体为两洼一脊的构造格局；沙一—二段沉积时期，断层活动性较弱，地层沉积薄，且受断层控制特征不明显，而到了东营组沉积时期，断层活动增强，特别是东二—三段沉积时期，地层沉积厚度较大，靠近石南断层侧厚，向 SW 方向逐渐减薄。同时，深部 NW 向先存断层发生左旋走滑，造成浅层断层呈现"似花状构造"；馆陶组—明化镇组沉积时期，主要为地层的填平补齐，除了主干断裂继承性微弱活动外，整体地层沉积受断层控制减弱。

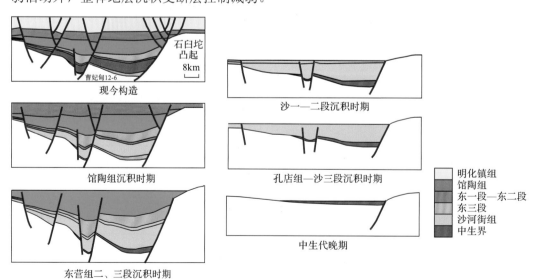

(a) NW向伸展型凹中隆构造演化模式

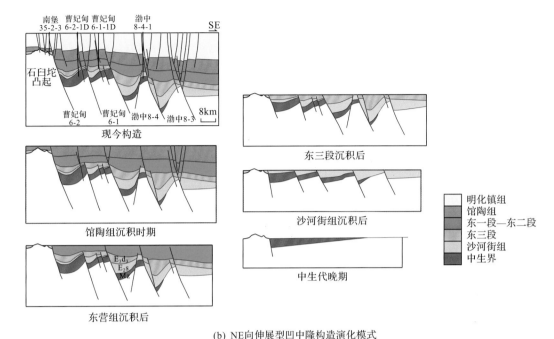

(b) NE 向伸展型凹中隆构造演化模式

图 4-25 伸展型凹中隆构造演化模式

　　与 NW 向古隆起不同的是，NE 向伸展型凹中隆受 NE 向伸展断层控制，结合构造发育史剖面[如图 4-25(b)]可知，控陷主干断层除了小部分 NNE 走向段在中生界活动外，上盘发育的 NE 走向断层均为新生代形成的，并且随着伸展作用的增强，断层活动强度逐渐增大，使得隆起逐渐发育并形成现今的规模。

　　总之，对于伸展型凹中隆而言，主要受基底 NW 向断层的控制，存在两期次构造的叠合，整体为基底 NW 向构造控制脊叠加始新世被断层分割的 NW 向脊，基底断裂影响晚期断裂的展布，晚期断裂对汇聚脊改造明显，构造特征复杂。而对于 NE 向隆起构造，主要为新生代 NE 向伸展形成的隆起，形成时间晚于 NW 向隆起。

2. 伸展-走滑型凹中隆成因及演化

　　渤海海域中部新生代凹陷受 SN 向伸展与 NNE 向走滑作用共同影响，形成大量走滑、伸展构造带。这些发育在凹陷内的构造带是渤海海域中部重要的油气聚集部位，称之为伸展-走滑区凹中隆型汇聚脊。

　　伸展-走滑型凹中隆主要分布在渤海海域中部，其中渤中西南次注与渤中主注之间最为典型(图 4-26)。平面上此类构造多为近 SN 向展布，构造之上发育 NE 向次级构造，整体受近 SN 走向的走滑断层夹持，并进一步被 NE 向次级断裂切割成复杂的、具有多个独立高点的断背斜构造。从典型剖面上，可以看出伸展-走滑型凹中隆构造主要为走滑带边界断裂之间加持的一个正向构造，整个构造受控于近 SN 向的倾角较大的断层。

　　从宏观构造形态上看，此类构造为太古界基底之上发育起来的潜山构造，上覆新生界地层披覆于潜山构造之上，主要包括古近系孔店组、沙河街组及东营组，与太古界基底之间存在明显的角度不整合界面。地层的残留特征及不同时代地层的接触关系，反映了这类构造形成的复杂构造背景。

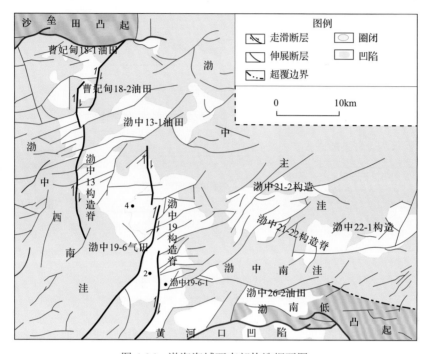

图 4-26　渤海海域西南部构造纲要图

渤海海域现今复杂的构造是印支期、燕山期及喜马拉雅期多期构造运动叠加改造的结果，结合以上分析，并借助典型地区构造发育史剖面可知伸展-走滑型凹中隆构造的演化过程可以分为以下几个阶段[图 4-27(a)]：印支期，受区域上近 SN 向挤压应力的影响，除了发育近 EW 向的褶皱和逆冲断层外，还会伴生 SN 向的挤压变形构造；进入到燕山期(晚侏罗—早白垩世)，受太平洋板块俯冲的影响，郯庐断裂发生左旋走滑变形，导致印支期先存的 SN 向逆冲断层发生左旋压扭活动，造成局部隆升并遭受剥蚀，下古生界地层剥蚀殆尽，太古界变质岩出露地表，此时古隆起的雏形基本形成；到了燕山中晚期，由于受近 EW 向挤压作用的影响，古隆起进一步隆起抬升，并接受改造，形成沿走向地势高低差异分布的格局；进入喜马拉雅期，随着裂陷作用的增强，古近系地层大面积沉积，并覆盖在太古界基岩之上，二者之间发育大面积不整合，另外先存断层发生复活，同时新生大量 NE 向断层对古隆起进行分割，通过沿典型构造发育史剖面[图 4-27(b)]可以看出，孔店组地层主要分布于古隆起南部，地层分布受控于新生的 NE 向断层，而隆起主体没有地层沉积；进入始新世以来，随着伸展裂陷作用的不断增强，NE 向断层进一步活动，同时沙河街组地层沉积在整个地区，古隆起之上直接披覆于太古界基岩之上；渐新世以来，研究区逐渐进入拗陷期，随着区域伸展应力场的变化，先存断层发生斜向伸展变形，同时随着盆地裂陷作用的减弱，地层快速沉积，最终形成现今的构造。

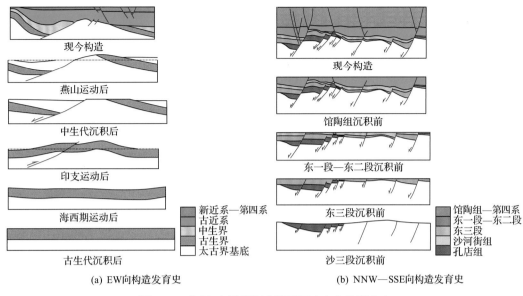

(a) EW向构造发育史　　　　　　　(b) NNW—SSE向构造发育史

图 4-27　伸展-走滑型凹中隆不同走向构造演化史

3. 走滑型凹中隆成因及演化

郯庐断裂带纵贯渤海海域东部，新生代发生右旋走滑变形，对渤海海域构造格局的形成和演化起到重要的控制作用，受其影响，渤海海域东部地区的凹中隆型构造的形成多受走滑断层控制，因此将这类构造称为东部走滑型凹中隆。

走滑型凹中隆多分布在环渤中地区西部、郯庐走滑断裂影响的区域，其中以渤海海域东部黄河口凹陷东洼最为典型。NNE 向郯庐断裂延伸长度长，规模较大（图 4-28），就剖面特征而言，郯庐断裂倾角较大，浅层与次级断层形成花状构造（图 4-29）。在走滑断裂西侧发育一系列 EW 走向的平行的伸展正断层，这些断层是控制走滑型凹中隆的主要断层，从剖面上看，EW 向断层处于沙三段沉积时期，并且长期活动，贯穿 T_8 至 T_2 的断层以铲式断层为主，而 T_5 之上浅层发育的次级伸展断层剖面上与长期活动的大断层组成 Y 字形或反 Y 字形构造，对走滑型凹中隆汇聚脊的浅层进行改造（图 4-30）。

通过对控制走滑型凹中隆汇聚脊形成的 EW 向主干断层活动性分析，可得知 EW 向断层在沙三段时期活动性强，并且控制沉积特征最明显，到了沙一——二段—东营组，断层活动减弱，明上段再次发生活动，伴生浅部次级断层。

结合构造演化史剖面（图 4-31），可以看出该类型汇聚脊的构造演化过程包括以下几个阶段：

（1）古新世—始新世中期（孔店组—沙四段沉积时期）为初始裂陷阶段，区域上受控于地壳深层韧性伸展变形，导致这一时期地表形成伸展断陷，在这一基础上发育的断层主要是先存断层再活动；NE 向走滑断裂西侧仅仅少量断层活动控制孔店沙四段地层沉积，主要为靠近 NE 向走滑断层的 NNE 向断层及西支走滑断层伴生的 NE 向次级断层。

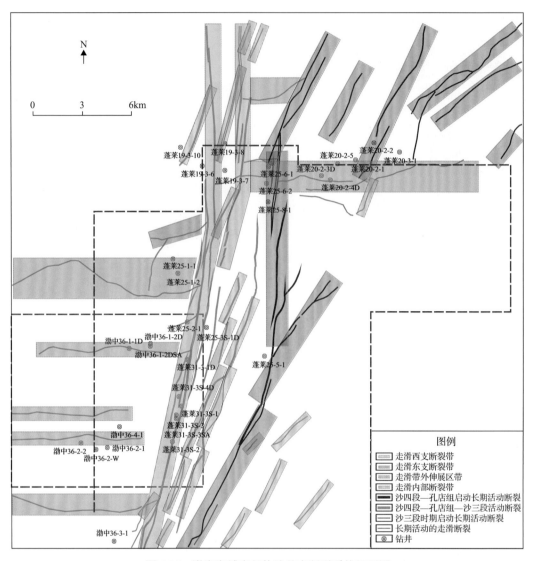

图 4-28　渤海海域东部构造基底断裂系统纲要图

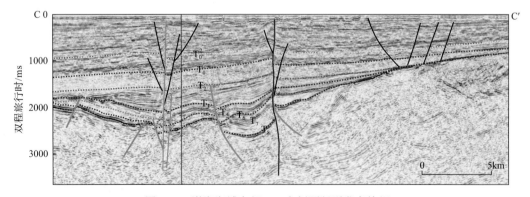

图 4-29　渤海海域东部 EW 向剖面断裂发育特征

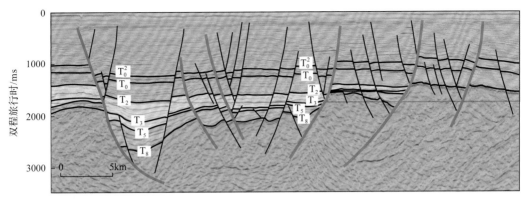

图 4-30　渤海海域东部近 NS 向剖面断裂发育特征

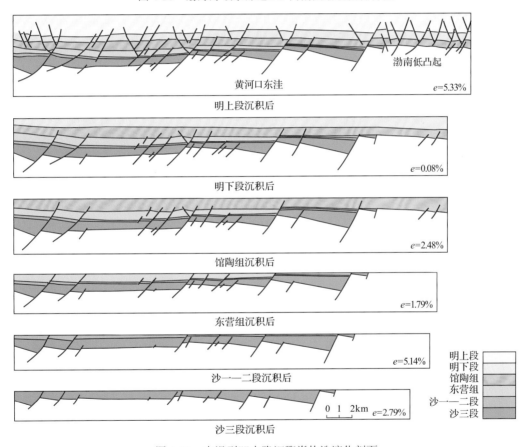

图 4-31　走滑型凹中隆汇聚脊构造演化剖面

(2)始新世晚期(沙三段沉积时期):为走滑-伸展裂陷阶段,渤海海域发生大规模的裂陷作用,具有明显的断陷结构特征,同时伸展应力诱发基底 NNE 向走滑断层活动,西支走滑断层分段变形,末端型成近 EW 走向的伸展控陷断层,形成了 NNE 向和近 EW 向两套伸展系统。特别是近 EW 向断层,对沙三段地层沉积具有明显的控制,断层下盘基底断块掀斜奠定了凹中隆起的雏形。

(3)渐新世时期(沙一段—东营组沉积时期):主要为伸展萎缩强烈走滑阶段,这一时期盆地整体进入到断拗转换的阶段,由于早期断层的继承性活动,沉积充填了沙一——二段地层,但是厚度较薄,主要的变形集中在 NNE 向走滑断层带内部。东营组沉积时期,盆地开始由断陷向拗陷转化,断层对沉积的控制作用相对减小。

(4)新近系第四系沉积时期(馆陶组—明化镇组沉积时期):统一应力场下,早期近 EW 向断层再活动,同时新生大量的次级正断层。

4.2.2 汇聚脊汇烃能力

凹中隆起型汇聚脊油气输导过程中,影响其深层汇聚能力的要素主要有:汇聚脊面积、汇聚脊幅度、汇聚通道的物性及厚度、烃源岩生烃强度等。

1. 汇聚脊面积

凹中隆型汇聚脊面积与凸起型汇聚脊面积类似,是指在油气运移时期汇聚脊能够聚集油气的闭合面积,即汇聚脊在平面上的垂直投影面积。区别在于凹中隆型汇聚脊位于凹陷内,一般直接位于有效烃源岩范围内,属于源内成藏。凹中隆型汇聚脊的规模较小,汇聚面积在 $66\sim142.9\text{km}^2$,一般小于 100km^2(图 4-32),但凹中隆型汇聚脊位于凹陷中,其源-脊接触面积与汇聚脊面积的比例通常大于凸起型汇聚脊,甚至可以达到 100%,在一定程度上可以提高汇聚脊的汇油气的效率。

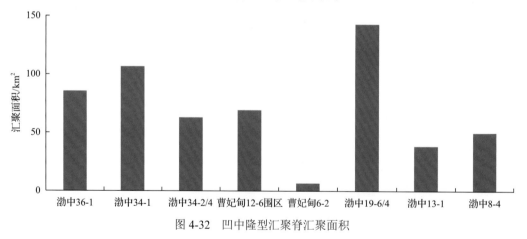

图 4-32　凹中隆型汇聚脊汇聚面积

2. 汇聚脊幅度

凹中隆型汇聚脊幅度与凸起带型汇聚脊幅度确定方法相同,且同样能够表征运移动力,对于凹中隆型汇聚脊,渤中 19-6/4 汇聚脊倾角最大,对应运移动力最大;曹妃甸 12-6 围区汇聚脊和渤中 8-4 汇聚脊倾角都在 20°以上(图 4-33),运移动力较渤中 13-1 汇聚脊、渤中 34-1 汇聚脊等其他凹中隆型汇聚脊强。

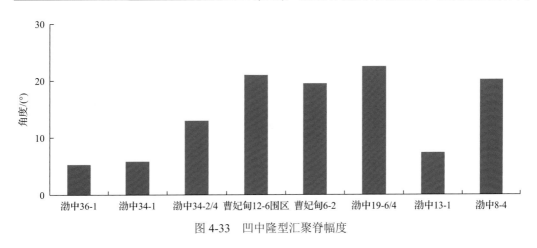

图 4-33 凹中隆型汇聚脊幅度

3. 汇聚通道的物性及厚度

凹中隆型汇聚脊埋藏深度一般较凸起带汇聚脊深，T_8 不整合之下半风化岩石孔隙度渗透率差，根据渤海海域 43 个油田 T_8 不整合之下半风化岩石物性统计发现，平均孔隙度分布范围为 3.6%～11.3%（图 4-8），平均渗透率分布范围为 0.03～96.3mD（图 4-9），明显低于凸起带孔隙度和渗透率。由此，在汇聚脊面积和厚度一定时，凹中隆型汇聚脊的储层和输导油气的能力要弱于凸起型汇聚脊。

此外，利用不整合物性参数与深度间的相关关系，在定量分析物性和汇聚能力的关系时，若汇聚脊本身具有实测数据，则用实测数据作为汇聚脊物性特征，在缺少实测数据的情况下，则可采用孔隙度和深度关系及渗透率和孔隙度关系来预测不整合物性（图 4-34、图 4-35）。凹中隆型汇聚脊中渤中 19-6 汇聚脊 T_8 之下半风化岩石主要为变质岩，对应的孔隙度和渗透率也相应高于中生界半风化岩石。其他汇聚脊 T_8 之下半风化岩石主要是中生界火山岩和碎屑岩，相同深度条件下物性比变质岩要差，不同深度条件下，随着深度变浅物性变好。

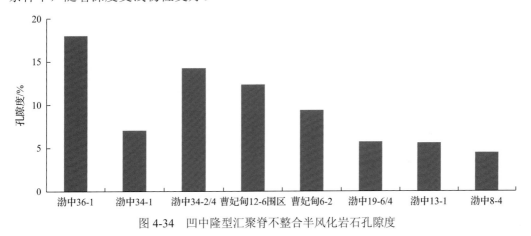

图 4-34 凹中隆型汇聚脊不整合半风化岩石孔隙度

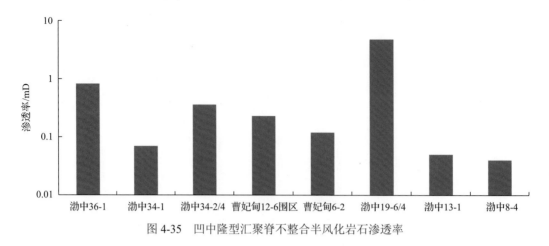

图 4-35　凹中隆型汇聚脊不整合半风化岩石渗透率

渤海海域不整合面半风化岩石厚度差异明显，火山岩半风化岩石厚度在 60～86m，太古界变质岩半风化岩石厚度为 110～120m（表 4-3、图 4-36）。在实际应用过程中，当缺少实测的厚度数据时，可利用不同岩性厚度与深度的关系进行预测（图 4-37）。

总体上，凹中隆不整合物性低于凸起带不整合物性。凹中隆源-脊距离较近，当凹中隆位于有效烃源岩分布范围内时，其与烃源岩接触面积与汇聚脊面积重叠，汇聚脊面积即为源-脊接触面积。因此凹中隆起型汇聚脊相对于凸起型汇聚脊的供烃条件好、汇聚脊汇烃效率高，虽然不整合物性要差于凸起型汇聚脊，但在断层存在条件下，亦能成为运移路径，进而在相对高部位形成汇聚脊。

表 4-3　渤海海域半风化岩石发育特征

构造或井位	地层	岩性	厚度/m
渤中 19-6	太古界	花岗岩片麻岩	110～120
渤中 13-1-1	中生界	火山岩	70
渤中 13-1-3	中生界	砂岩	86
渤中 8-4-1	中生界	砂岩	>40
曹妃甸 12-6-1	中生界	火山岩	66
海中 8	中生界	火山岩	60

4. 烃源岩生烃强度

一个含油气凹陷往往被分割为若干个洼槽，只有那些相对大而深的洼槽才具备良好的生烃条件，即生油洼槽控制了油气的分布。受不同凹陷（洼陷）烃源岩体积、质量及埋深演化差异性控制，不同地区烃源岩生烃能力差异很大（蒋有录等，2017）。其中，生、排烃强度是资源量评价的关键参数。前文指出汇聚脊的源-脊接触面积是控制汇聚

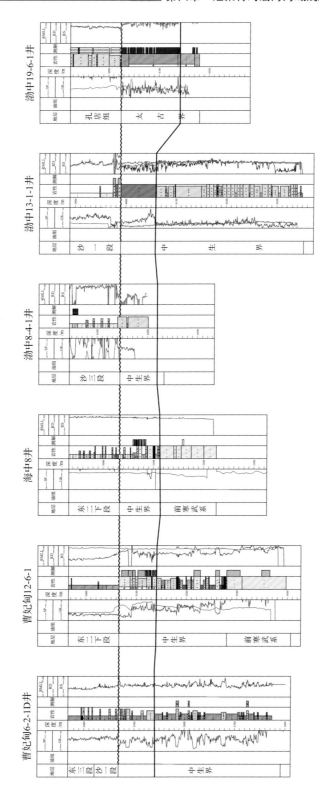

图4-36 曹妃甸6-2油田~渤中19-6油田T₈之下半风化岩石连井剖面

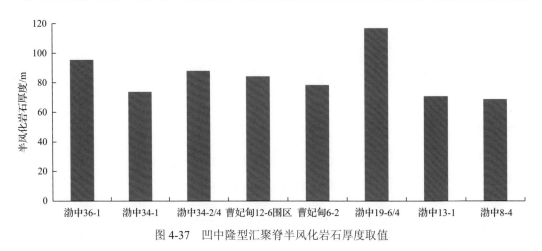

图 4-37 凹中隆型汇聚脊半风化岩石厚度取值

脊汇烃能力的重要因素，然而仅依靠源-脊接触面积并不能确定汇聚脊能够接收油气的总量，还应结合源-脊接触部位的生、排烃强度，才能最终给出汇聚脊能够接收油气的总量，由此，源-脊接触部位生烃强度与源-脊接触面积二者综合控制了汇聚脊的汇烃能力。

由于不同位置的烃源岩，其有机质丰度、类型、热演化程度、厚度等因素均存在差异，导致不同位置的烃源岩的生排烃强度不同，采用面积均衡方法求取其源-脊接触面生烃强度。凹中隆型汇聚脊具有更高的烃源岩生烃强度，普遍达到 5000kg/m²，相比之下，凸起型汇聚脊的源岩生烃强度总体上小于 4000kg/m²（图 4-38）。这种差异是由两种类型汇聚脊所处的位置决定的。凹中隆型汇聚脊因处在凹陷中，往往距离生烃中心较近，供烃源岩会具有更高的生烃潜力，而凸起型汇聚脊接受的油气通常是位于凹陷边缘的品质略差的烃源岩。

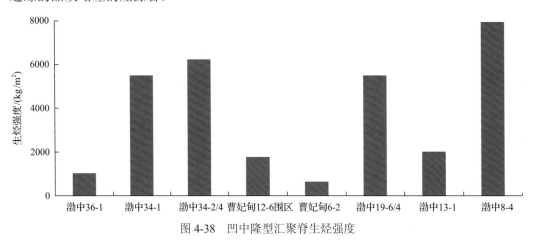

图 4-38 凹中隆型汇聚脊生烃强度

4.2.3　浅层油气聚集特征

1. 汇聚脊汇烃规模控制浅层成藏规模

凹中隆型汇聚脊汇烃能力通过汇烃规模、汇聚通道输导能力两方面来表征。利用汇聚脊面积和生烃强度的乘积来表征其汇烃规模；利用烃源岩到汇聚脊上的角度正切值与渗透率对数值的乘积来表征凹中隆型汇聚脊的输导能力。对于凹中隆型汇聚脊，汇聚脊汇烃规模较强的有渤中 19-6、渤中 8-4 和渤中 34-1 汇聚脊；由于渤中 36-1 汇聚脊、曹妃甸 12-6 围区汇聚脊、曹妃甸 6-2 汇聚脊、渤中 13-1 汇聚脊与有效烃源岩接触面积较小，导致汇烃规模小(图 4-39)。凹中隆型汇聚脊输导能力最强的是渤中 19-6 汇聚脊，这与其不整合之下发育的花岗片麻岩密切相关，因为花岗片麻岩往往具有较大的渗透率(图 4-40)。

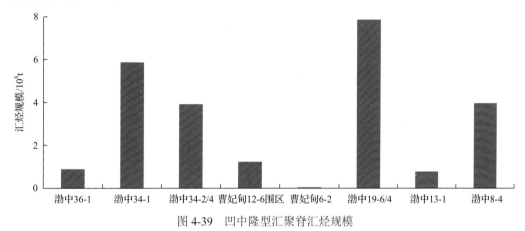

图 4-39　凹中隆型汇聚脊汇烃规模

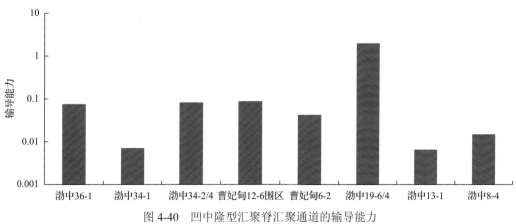

图 4-40　凹中隆型汇聚脊汇聚通道的输导能力

由于凹中隆型汇聚脊与有效烃源岩距离近、与烃源岩接触比例大，使得汇聚脊自身的输导能力并非汇聚脊的汇烃能力的主控因素(图 4-41)。在汇烃能力方面，凹中隆型汇聚脊往往表现出更高的汇烃效率(源-脊接触面积/汇聚脊面积比值高)，同时配置优质的烃源条件，使其供烃条件较为优越(图 4-42)。因此，对于凹中隆型汇聚脊，烃源岩和油气供给也并非限制汇烃能力的主控因素。而真正决定凹中隆型汇聚脊汇烃能力的主控因素主要是汇聚脊的规模，即汇聚脊的面积(厚度和物性变化相对较小)。汇聚脊的面积越大，汇烃能力越强，相应可供浅层调整的有效量也越大。

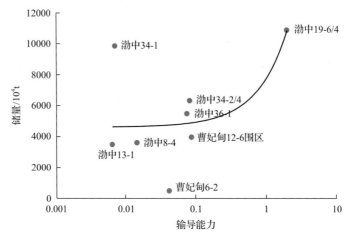

图 4-41　凹中隆型汇聚脊汇聚通道输导能力和储量关系

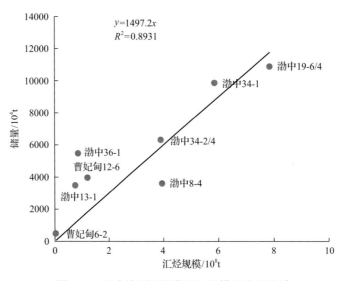

图 4-42　凹中隆型汇聚脊汇烃规模和储量关系

2. 凹中古隆起−断层配置关系控制凹中隆起区浅层油气充注能力

凹中隆起区整体位于凹陷内，深层 T_8 不整合和 T_5 不整合与烃源岩大面积接触，因此凹中隆型汇聚脊具有较强的汇聚油气能力。但正是由于凹中隆起区地处凹陷内，汇聚脊之上被厚层泥岩覆盖，因此与凸起型汇聚脊不同，凹中隆型汇聚脊深层汇聚的油气输导至浅层，需要强力垂向输导断层的沟通。

厚层泥岩段断层垂向输导能力主要受控于断裂对盖层的破坏程度和盖层的力学性质(付晓飞等,2015)。随着埋藏深度增加,泥岩经历更复杂的脆-韧性转化过程。对含油气盆地而言,尽管很难定量判断泥岩脆性和塑性变形转换的深度,但一般来说,随着埋藏深度增加,泥岩逐渐从脆性向脆-塑性和塑性转化(付晓飞等,2015;Corcoran et al.,2002)。因此盖层埋藏深度越大,盖层更加呈现塑性的特征,盖层段断层垂向封闭能力越强。而埋藏越浅,盖层更加呈现脆性的特征,盖层被断层错断后,裂缝相对更加发育,利于深层汇聚的油气输导至浅层(图 4-43)。因而埋藏深度越浅的汇聚脊,含油气层位往往也越浅。

盖层的破坏程度主要取决于盖层段断裂的规模,断裂规模越大,即断距越大,断层两盘盖层对接的厚度越小,从而使盖层垂向封闭能力变弱,深层汇聚的油气就更容易穿越盖层向更浅部地层运移。因此,凹中隆起区发育大型断裂是浅层油气的关键条件。此外,大型断裂发育的部位同样也是控制浅层油气成藏的重要控制因素。由于凹中隆起区的高部位是深层油气汇聚的有利指向,因此当大型断裂切穿深层脊的高部位时,更加利于深层汇聚的油气向浅层运移(图 4-44)。而切脊低部位的大型断裂,即使具有较强的输导能力,也难以将汇聚脊汇聚的油气大量输导至浅层。渤中 8-4 构造是脊-断配置控制浅层油气成藏的典型实例,该构造属于典型的凹中隆起型汇聚脊。主干大断裂切穿渤中 8-4 汇聚脊的高部位(图 4-45),同时主断裂可将上覆盖层完全错断从而具有强力的垂向输导能力(图 4-46)。因此,在切脊高部位的大型输导断裂与深层汇聚脊优势配置条件下,油气可以大量输导至浅层,从而在明化镇组和馆陶组形成高储量丰度的渤中 8-4 油田。

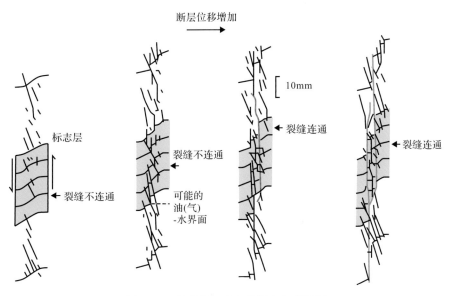

图 4-43 断裂在泥质岩盖层内变形机制

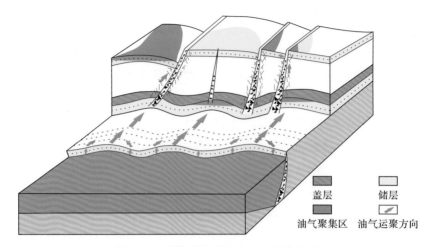

图 4-44 "脊–断"耦合与油气聚集关系

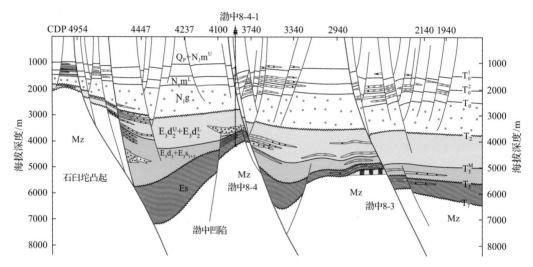

图 4-45 渤中 8-4 构造切脊主干断裂

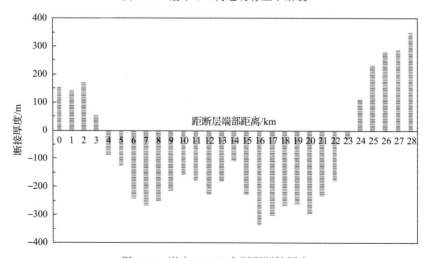

图 4-46 渤中 8-4 F1 主断裂断接厚度

　　与深层汇聚脊连接的断层晚期活动强度是控制凹中隆起区浅层油气充注能力的另一主要因素，由于新构造运动的作用，在明上段沉积时期和第四系沉积时期，大部分断层活动性明显增强。通过对渤中地区相关井测定的流体包裹体均一温度，结合各井埋藏史图，确定出大部分浅层油气藏的油气充注时期为明化镇组—第四系沉积时期，主要集中在 5～0Ma（薛永安等，2016；刘庆顺等，2017；江涛等，2019）。因此，断层晚期活动强度对于浅层油气富集层位具有一定的控制作用，晚期断层活动强度越大，浅层油气充注能力越强，汇聚脊之上的油气富集层系越浅。渤中 8-4 构造也是典型的晚期断层活动强度控制油气富集层位的实例，如图 4-47 所示为渤中 8-4 构造油藏分布图，受次级断层的分隔作用，在 F2 断层的上升盘发育三个独立的断圈，虽然每个断圈有油气发现，但其主力含油气层位存在较大的差异。通过统计得出，F2 断层的晚期活动强度由渤中 8-4-4 井至渤中 8-4-3 井方向逐渐减弱（图 4-48），即以 F2 断层为边界的三个断圈（图 4-47），其控圈段断层活动强度由 F1 断层-F2 断层交叉点处至 F2 断层端部方向逐渐减弱。结合联井对比剖面图可以确定出，随着晚期活动强度的减弱，馆陶组油层厚度占浅层总油层厚度的比例逐渐增加，明化镇组油层厚度占浅层总油层厚度的比例逐渐减小（图 4-49）。因此，从渤中 8-4 油田实例也可以明显看出在相同沉积地层结构条件下，晚期断层活动强度越大，汇聚脊之上的油气富集层系越浅。

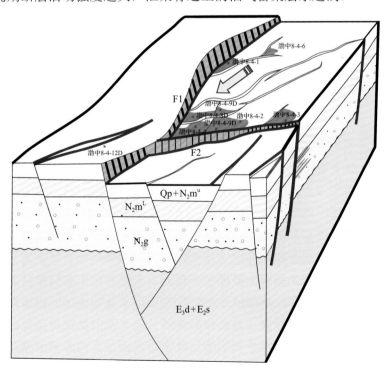

图 4-47　F2 断层晚期活动强度分布

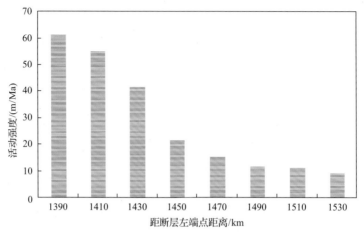

图 4-48　渤中 8-4 构造主干运移断裂及油藏分布图

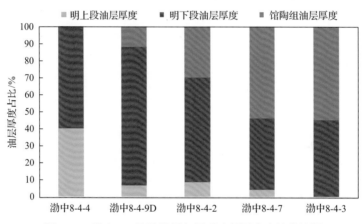

图 4-49　渤中 8-4 构造浅层各层系油层厚度占比统计图

3. 古隆起之上多级次断层-砂体耦合关系控制凹中隆起区浅层油气充注效果

凹中古隆起之上发育通脊三级主干断裂,同时发育四、五级次的小断层,组成密集断层体系,沟通了深层汇聚脊与浅层层系。与凸起区相似,断层和浅层砂体耦合关系同样是控制浅层圈闭油气充注效果的重要因素。但是凸起区浅层馆陶组发育厚层砂岩,断层和砂体面积良好,因此断层和砂体接触程度并不是决定其成藏的限制因素,明化镇组呈现"泥包砂"特征的地层,油气充注效果受断-砂耦合关系影响显著。由于凹中隆型汇聚脊整体位于凹陷内,砂体富集程度与凸起区相比明显较差,凹中隆起区馆陶组地层呈现砂泥互层的特征(图 4-50)。因此,凹中隆起区馆陶组地层和明化镇组地层油气充注效果均受断层和砂体接触程度影响,均呈现出砂体与输导断层接触面积越大,油气富集程度越高的特征。凹中隆起区断层与浅层砂体配置关系影响浅层储层充注效果的典型区块是渤中 28-2S 北块,该区块油气主要富集在浅层明下段,Nm Ⅱ 油组为明下段砂地比最高的油组(图 4-51),该油组的地质储量也是最大(图 4-52),通过统计各油组砂地比与地质储量的对应关系，发现二者呈现明显的正相关性。因此，在浅层明下段"泥包砂"地层段内砂岩发育程度越好，越有利于浅层油气聚集。进一步统计了渤中 28-2 区块明下段输导断层与单砂体或分流河道复合砂体的接触程度与油藏烃柱高度关系，统计关系表明，断-砂接触长度/厚度与烃柱高度存在明显的正相关性（图 4-53），即砂体与断层接触程度越大，油气充注效果越好，浅层的含油气性越好。

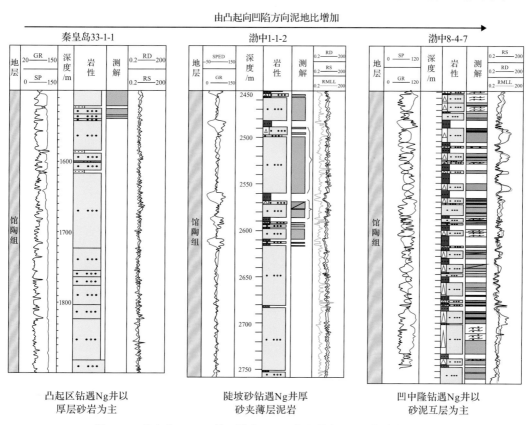

图 4-50　秦皇岛 33-1-1 井、渤中 1-1-2 井和渤中 8-4-7 井连井对比图

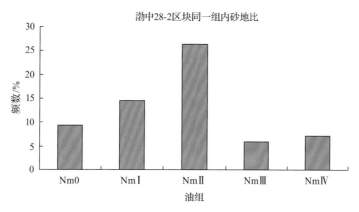

图 4-51　渤中 28-2S 北块油组内砂地比

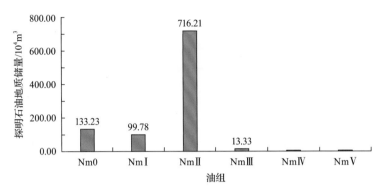

图 4-52　渤中 28-2S 北块油组地质储量对比

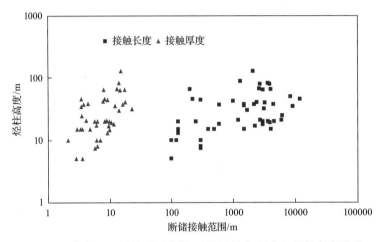

图 4-53　渤中 28-2 区块明下段断-砂接触长度/厚度与烃柱高度关系

4.3　陡坡砂体汇聚作用与浅层成藏

油气"中转站"的概念由邓运华首次提出,陡坡带发育的源内砂体油气运移模式逐渐引起人们重视。陡坡带砂体具有高孔渗、储集空间大的特点,本身就可以形成深层油藏,并控制浅层的油气富集,因此"中转"砂体可认为是一种特殊类型的汇聚脊。此类汇聚脊是在盆地的强烈扩张时期,由断层上升盘的隆起区提供碎屑物源,并在下降盘形成了近岸水下扇砂体。陡坡砂体型的汇聚脊不同于凸起型或凹中隆起型汇聚脊,该类型汇聚脊以古近系规模性扇体为深层汇烃储集体,深层具备一定的汇聚能力,在垂向活动性断层的调整下将油气运移至浅层成藏。陡坡砂体汇聚脊的发育对渤海浅层油气勘探具有重要指导意义。

4.3.1　汇聚脊成因及演化

陡坡砂体型汇聚脊广泛发育在陡坡带,主要指边界大断裂及其下降盘砂体共同组成的汇聚脊,包括古近系砂体、边界大断层及浅部次级断裂等组成要素。从汇聚脊组成特征及分布来看，陡坡砂体型汇聚脊主要受控于不同走向、不同规模的较大的二级断裂，本质上是长期活动断层对沉积砂体分布的控制作用，沉积扇体的发育程度与断层在新生代的活动强度有关。对于基底先存的断裂而言，晚期(新生代)活动强度大的部分，断层上盘控制的陡坡扇体面积大；而对于新生代断层而言，新生的规模较大的二级主干断裂(NE 向、NNE 向)有利于陡坡扇的形成。渤海海域陡坡砂体型汇聚脊主要分布在石南斜坡的西部、东部及渤中凹陷中南部伸展-走滑区，典型实例包括渤中 25-1/S 构造、渤中 34-1 构造、秦皇岛 35-4 构造等。

1. 陡坡边界断裂形成及演化过程

结合区域构造演化可知，渤海海域存在多方位的主干断裂，其中以 NE 向、NNE 向及 NW 向断裂为主，不同方位的断裂形成时间存在差异，既有基底发育并且长期活动的大断裂，同时又有盆地形成演化过程中新生的断裂。而对于渤海湾盆地陡坡砂体型汇聚脊而言，控制这类汇聚脊演化的断裂多为规模较大的二级断裂，既包括前古近系基底长期活动断裂，同时也包括新生代新生断裂。

基底长期活动断层主要是指前古近系基底形成、中新生代持续活动的断裂，这类断裂主要为二、三级主干断裂，受长期构造演化的影响，具有分段发育生长的特征。中生代受燕山运动的影响，渤海湾盆地发育大量 NW 向、NNE 向构造，进入新生代以来，受区域 NW 向伸展应力场的影响，NW 向断层再次活动，同时也发育一些 NE 向新生断裂；随着新生代裂陷作用的增强，部分主干断层由 NW 向、NE 向断裂段分段连接而成，并控制新生代洼槽的发育，通过对不同走向段断层活动强度的分析，认为 NW 向断层段的规模最大，因此 NW 向断裂段控制的扇体和砂体规模较大，其上盘更有利于形成陡坡砂体。

对于新生代新生断裂而言，有利于陡坡砂体形成的是 NE 向规模较大的二级主干断裂，借助渤海海域典型陡坡砂体型汇聚脊构造演化史剖面(图 4-54)可知，新生的 NE 走向二级断裂与新生代渤海湾盆地构造演化有密切关系：NE 向断裂最初形成于始新世(孔店组沉积时期)，剖面上主要为初始裂陷时期的板状断层。进入渐新世后，随着裂陷作用的不断增强，初始裂陷形成的 NE 向断层继续活动，并且明显控陷，剖面上多为铲式正断层或坡坪式正断层，同时断层下盘掀斜抬升，逐渐形成具有一定幅度的断层遮挡圈闭。此后陆续经历了渐新世中晚期(沙一段—东营组沉积时期)的伸展裂陷，NE 向断层规模基本与现今相当，此后从中新统至今，逐渐定型成现今的构造样式。另外，陡坡砂体汇聚脊及其浅层圈闭主要分布在 NE 向新生断裂的下降盘，且形成时间主要是在明化镇组上段沉积以后，晚期在 SN 向伸展应力场的控制下，断裂下降盘晚期地层发生褶皱变形，并派生出许多次级断裂，进而形成浅层断层-背斜圈闭，圈闭长轴方向与断裂平行。

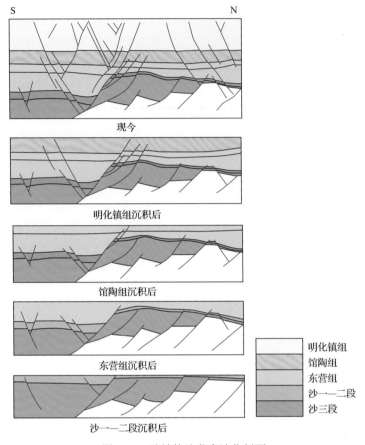

图 4-54　陡坡构造发育演化剖面

2. 古近系砂体成因及演化

对于陡坡砂体型汇聚脊而言，深层的陡坡砂体发育也至关重要，渤海湾盆地多期次构造运动产生多方位的断裂，不同走向断层之间活动强度存在差异，并且具有不同的相互作用关系，在断层相互作用的部位，往往发育不同类型的变换构造，其中具有转换性质的斜坡最为典型。渤海海域中部 NE 向新生断裂多发育在 NNE 向走滑断裂的端部，由于 NE 向断层在始新世强烈活动，断层位移较大，为物源入盆及陡坡砂体的形成提供良好的场所。来自凸起区的物源，伴随着强烈的断裂活动（图 4-55），断层端部的斜坡自西南向东北部推进，形成 NE 走向的砂体展布，这些古近系砂体与 NE 向二级断层走向吻合，二者相互作用，共同成为陡坡砂体型汇聚脊的重要组成要素。由此可以说明，陡坡砂体型汇聚脊实际上主要受新生代强烈活动的 NE 向断裂及其控制的陡坡扇体共同控制形成。

4.3.2　汇聚脊汇烃能力

对于陡坡砂体型汇聚脊而言，汇聚脊通常与烃源岩处于相同层位并被烃源岩包裹。

陡坡带发育的砂体型汇聚脊根部与大断层接触，前缘与烃源岩呈"指状"大面积接触，当烃源岩成熟后生成的油气在一定温压作用下向深层砂体汇聚脊内发生初次运移。一般来讲，陡坡砂体型汇聚脊油气不会经过远距离的运移而成藏，而是晚期烃源岩达到一定成熟度后，直接排烃至内部的砂体储集体，当油源断裂进行活动时，油气由深层调整至浅层。针对这一油气成藏过程，将影响陡坡砂体型汇聚脊的汇烃能力因素总结为以下几点。

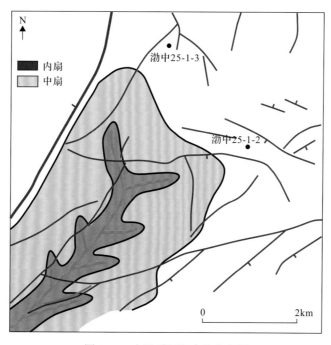

图 4-55　古近系沉积扇体分布图

1. 源内砂体面积

研究表明，位于大断层下降盘相邻的砂体，油气的富集程度具有很大差别，有的为油气层，有的则为水层，反映了油气成藏和富集的复杂性，从而得出了"圈闭汇油面积大小决定油田规模"（杨海风等，2019）。据此"汇油面积"成了汇聚脊汇聚能力需要考虑的重要因素，不同于圈闭构造油气藏，陡坡砂体型汇聚脊属于典型的源内岩性油气藏，因此，类比"圈闭汇油面积"的概念，对于陡坡砂体型汇聚脊，源内砂体面积的平面展布面积应是我们对应需考虑的因素。陡坡砂体型汇聚脊的源内砂体面积是指与大断层接触且在下降盘油源岩内发育的沉积砂体的平面展布面积之和。该因素直接决定了砂体汇聚脊的汇烃规模的大小。利用地震沉积学方法，精细刻画砂体汇聚脊的平面分布范围。结合湖底扇沉积特征和周边泥岩的沉积差异，利用沉积相分布范围预测湖底扇砂体的平面分布，并提取汇聚脊面积参数。通过对典型陡坡砂体型汇聚脊的面积进行统计分析表明：渤中 25-1、曹妃甸 6-4、秦皇岛 35-34、渤中 3-2、渤中 1-1/2-1 构造源内砂体的面积依次减小（图 4-56），其范围分布为 4~16km²。

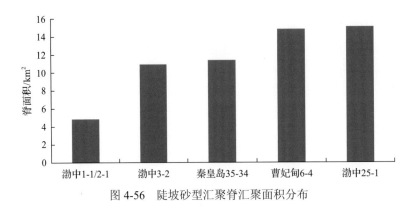

图 4-56　陡坡砂型汇聚脊汇聚面积分布

2. 源内砂体的物性和厚度

(1) 砂体物性。

陡坡砂体型汇聚脊有效汇聚空间的研究主要是针对源内砂体汇聚脊储层物性的研究，对评价其油气汇聚能力具有重要意义。对于储层物性研究，岩性、岩相是基础，风化淋滤、深埋溶蚀和成岩改造是形成有效储层的关键，而孔隙度则是储层物性常见的表征参数。陡坡带发育的砂体从含油性上看，扇根含油性相对优于扇缘，这是因为下盘近岸水下扇扇根亚相主要发育主水道微相，以杂基支撑砾岩为主，沉积厚度大，多期扇体间缺乏正常湖相泥岩，次生孔隙发育，使得扇根砾岩为有效储层。扇中亚相主要发育辫状水道和水道间微相，以块状含砾砂岩、叠覆冲刷粗砂岩为主，由于具有较强的抗压实能力和后期有机酸的溶解，使得扇中含砾砂岩、砂岩同样为有效储层。扇缘亚相主要为薄层砂岩，强胶结作用使其物性极差，为非有效储层。因此砂体汇聚脊孔隙度是影响砂体汇聚脊汇油能力的重要因素。通过对典型陡坡砂型汇聚脊孔隙度统计分析，各汇聚脊平均孔隙度也存在明显的差异，其中，渤中 25-1 构造平均孔隙最大，达到 14%，而秦皇岛 35-4 的平均孔隙度值最低，但也达到 12.5%，曹妃甸 6-4、渤中 3-2 和渤中 1-1 等构造的平均孔隙度总体上为 13%～14%（图 4-57）。

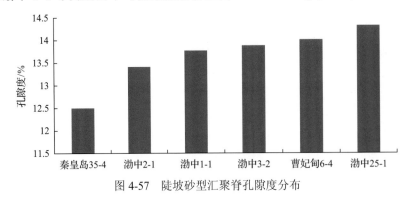

图 4-57　陡坡砂型汇聚脊孔隙度分布

(2) 砂体厚度。

陡坡砂体型汇聚脊的厚度是指含砂砾岩沉积体的顶、底位置及其对应的厚度。一般而言，砂体厚度与砂岩百分比通常具有较好的相关性。在渤海海域，一般靠近边界断裂处，砂岩含量高，远离断层处，砂岩含量低。由此，可以推断靠近断裂处对应砂体厚度较大。录井观测结果显示，渤海海域陡坡砂体型汇聚脊厚度介于 3～140m，其中以曹妃甸 6-4 和渤中 25-1 构造汇聚脊厚度最大，均达到 120m 以上，秦皇岛 35-4、渤中 2-1 汇聚脊厚度介于 60～80m，渤中 3-2、渤中 1-1 汇聚脊厚度均在 40m 以下(图 4-58)。

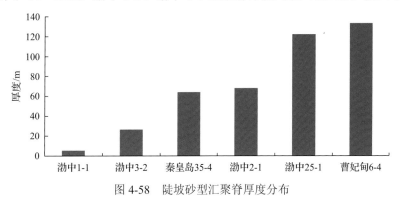

图 4-58 陡坡砂型汇聚脊厚度分布

3. 源内砂体的幅度

陡坡砂体型汇聚脊的源内砂体的幅度即为陡坡砂体的下倾尖灭角。对于砂体汇聚脊而言，其产状通常用汇聚脊砂体的倾角表示，由于汇聚脊砂体一般处于常压系统，其油气运移动力以浮力为主，油气运移的倾角间接反映了油气运移的浮力，油气在运移过程中受到的浮力分量与砂体汇聚脊的倾角成正相关，倾角越大，浮力越大，越有利于油气的运移(宋国奇等，2012)。在明确不同时期砂砾岩体空间分布的基础上，可以用砂体倾角表征砂体型汇聚脊的幅度。砂体倾角是指剖面上砂砾岩体与控盆断裂上、下交点同砂体延伸最远端点形成的夹角即为不同沉积形态下的砂体倾角(李佳伟等，2019)。通过对典型陡坡砂体型汇聚脊幅度进行统计分析，结果表明，在渤海海域陡坡砂体型汇聚脊幅度总体上介于 2°～4°，差异较小(图 4-59)。

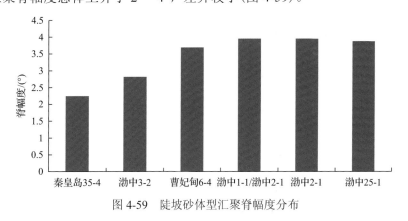

图 4-59 陡坡砂体型汇聚脊幅度分布

4. 烃源岩生烃强度

一般来讲，当储量规模大于 $5000×10^4t$ 时，生油强度大于 $200×10^4t/km^2$，排油强度大于 $125×10^4t/km^2$。而当生油强度低于 $25×10^4t/km^2$，排油强度低于 $15×10^4t/km^2$ 时，通常没有规模储量的油田被发现。因此，在以石油聚集为主的地区，生油强度大于 $25×10^4t/km^2$ 的源岩可称之为优质烃源岩，可以形成大规模油田，生油强度介于二者之间的烃源岩可称之为一般/良好有效烃源岩。经统计，渤海海域沙三段生烃强度明显大于东三段生烃强度，但生烃范围相对小于东三段。对于陡坡砂体型汇聚脊来讲，曹妃甸 6-4、秦皇岛 35-4、渤中 25-1 距生烃中心较近，具有油源优势，生烃强度大，有利于油气向深层汇聚脊排烃。通过对典型陡坡砂体型汇聚脊生烃强度进行统计分析，结果表明，汇聚脊生烃强度由高到低依次为渤中 25-1 生烃强度最高，渤中 2-1 次之，而渤中 3-2、渤中 1-1、秦皇岛 35-4、曹妃甸 6-4 均低于 $5000kg/m^2$（图 4-60）。

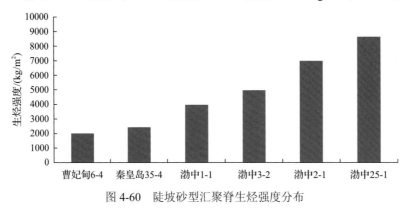

图 4-60　陡坡砂型汇聚脊生烃强度分布

4.3.3　浅层油气聚集特征

1. 陡坡砂聚集规模控制浅层成藏规模

陡坡砂体型汇聚脊油气的富集程度是多种汇聚要素共同作用的结果，根据前文所述，陡坡砂体型汇聚脊汇聚要素主要包括源内砂体的面积、生烃强度、幅度、物性、厚度。油气从生成到运移至汇聚脊内成藏，可以概括为"汇、运、聚"三个方面。首先，成熟烃源岩生成的油气在一定温-压作用下经初次运移进入汇聚脊砂体内，即汇聚脊"汇"的过程。砂体汇聚脊"汇烃"规模的大小首先取决于供烃量，供烃量≈生烃强度×源-脊接触面积,渤海海域各砂体型汇聚脊的烃源岩供烃量总体上介于 $2×10^{11}$～$13×10^{11}kg$（图 4-61）。在一定供烃量保证的前提下，油气在汇聚脊砂体内运移属于汇聚脊油气"运"的过程，该过程宏观上受控于砂体汇聚脊的倾角。当充足的油气汇聚至砂体内部时，此时对油气富集起关键性控制作用的因素为砂体汇聚脊"聚烃"规模，表征砂体汇聚脊"聚烃"规模的参数为储集空间≈源内砂体的面积×厚度×孔隙度，如秦皇岛 35-4 构造储集空间为 $8×10^{11}km^3$（图 4-62）。

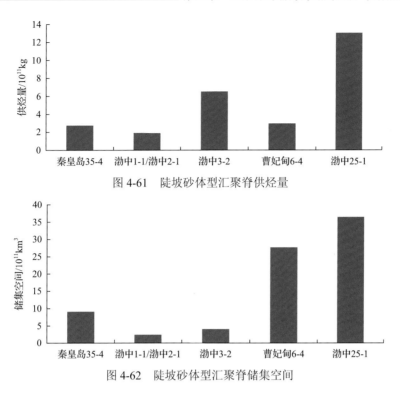

图 4-61　陡坡砂体型汇聚脊供烃量

图 4-62　陡坡砂体型汇聚脊储集空间

　　陡坡砂体型汇聚脊的汇烃规模、输导能力、聚烃规模分别是通过供烃量、幅度、储集空间进行表征。通过对供烃量、幅度、储集空间与地质储量的相关性分析，表明储集空间与地质储量相关性较强，即位于深层源内的砂体型汇聚脊自身储集空间越大，浅层油气越富集。供烃量与地质储量相关性次之，这是由于砂体型汇聚脊位于源内，油气来源相对充足，因此，供烃量并非限制油气富集的控制因素。源内砂体幅度与地质储量相关性最弱(图 4-63)，表明源内砂体的幅度对汇烃能力影响较弱(图 4-64)。一般而言，在油气由烃源岩向砂体型汇聚脊初次运移过程中，烃源岩供烃量是油气富集的前提，而汇聚脊砂体幅度控制了油气的运移路径，但是由于陡坡砂体型汇聚脊属于典型的源内成藏的油气聚集模式，因此，在其他地质条件相似的情况下，真正决定砂体型汇聚脊汇聚能力的为源内砂体的储集能力(储集空间大小)，而非烃源岩的供烃能力和脊幅度。

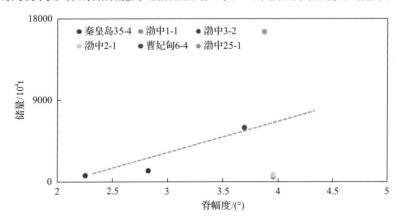

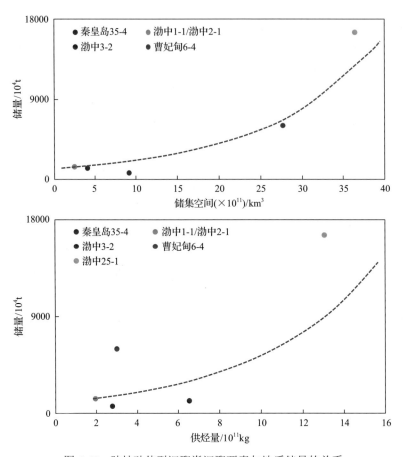

图 4-63　陡坡砂体型汇聚脊汇聚要素与地质储量的关系

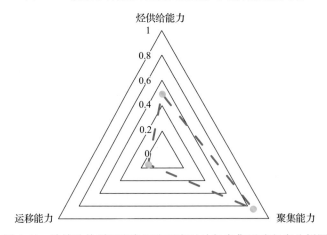

图 4-64　陡坡砂体型汇聚脊汇聚要素对油气富集影响程度分析图

2. 源内砂体–断层配置关系控制陡坡带浅层油气充注能力

深层砂体型汇聚脊与断层配置关系可以总结为 4 种模式,即二级或三级主干大断层与大规模源内砂体配置模式、二级或三级主干大断层与源内小规模砂体配置模式、四级或五级小型断层与规模性砂体配置模式、断层根部无源内砂配置模式。源内砂体具有汇聚油气的能力，但正是由于烃源岩内部上覆厚层泥岩，油气输导至浅层储层需要断层的沟通。二、三级次的主干大断裂断距大，对泥岩盖层破坏程度大，活动时期垂向输导油气的能力强。因此，当二、三级次的主干大断裂根部烃源岩内发育大规模砂体时，有利于浅层形成大-中型油田。渤中25-1和曹妃甸6-4油田是典型的主干大断层根部发育源内大规模砂体所控制形成的大-中型油田。其中渤中25-1明化镇组油田是渤海油区凹陷区最大的新近系油田，渤中25-1-1井及渤中25-1-5井钻探证实，烃源岩内发育扇三角洲砂体，厚度为40~260m。该砂体与三级大断层相接，可汇聚大量的油气，同时大断层具有强力的输导能力，可将深层源内砂体汇聚的油气输导至浅层。当二、三级次的主干大断裂与深层源内小规模砂体配置时，由于砂体规模小，汇聚油气能力弱，其浅层通常只能有薄油层。而当二、三级次的主干大断裂根部无源内砂体时，即使断层垂向输导油气的能力强，但其上部浅层层系往往无油层或只有有限的薄油层。如锦州20-1、歧口18-7等构造钻探结果就是很好的例证。锦州20-1构造位于辽西凹陷东部，圈闭类型好，盖层分布稳定。继承性发育的大断层沟通了烃源岩与东一段储层，然而锦州20-2-8井东一段却没有油气显示。同时以深部的沙河街组水下扇为目的层钻探的锦州20-1-1井，也没有发现油气层，其目的层段沙河街组岩性为厚层泥岩夹薄层粉砂岩，泥岩单层厚5~310m，粉砂岩单层厚1~3m，且粉砂岩埋藏深2800~2950m，物性很差。可见上、下目的层没有油气均是因烃源岩内缺少有效砂体，不存在深层汇聚脊所致（图4-65）。当四、五级次的小型断裂与深层源内砂体配置，尽管深层源内砂体可汇聚油气，但由于四、五级次的小型断裂垂向输导能力相对有限，因此油气一般聚集于深层源内砂体或深浅层油气均有富集。

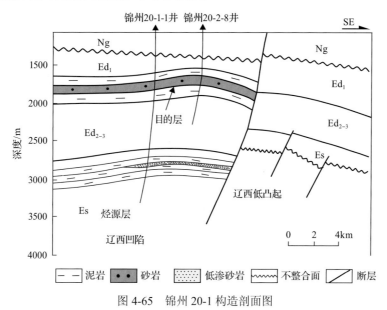

图4-65　锦州20-1构造剖面图

3. 陡坡带多级次断层-砂体耦合关系控制陡坡带浅层圈闭油气充注效果

断层和砂体耦合关系对陡坡带浅层油气成藏的影响也是由于断层和砂体的接触面积以及砂体自身的渗透性差异导致的。砂体渗透率以及断层和砂体接触面积越大，越有利于油气的充注。但与凸起区不同的是陡坡带边界断层上部往往发育次级小断层，从而形成花状构造。

勘探实践表明，花心处浅层油气往往更加富集。前人对此有过大量研究，"花心"部位断裂发育密度较大，双/多断型砂体较为发育，有利于形成砂体高部位的断-砂耦合，断层和砂体接触面积更大，从而有利于砂体接受油气的充注。相对"花心"而言，外花瓣构造活动相对较弱，断裂密度小，断层和砂体接触程度低，部分砂层油气需倒灌成藏，往往只在明化镇组粗砂岩段成藏但也很有限。典型例子就是渤中 25-1 南油田，其花心处油气明显较为富集，而远离花型外花瓣处成藏效果较差(图 4-66)。

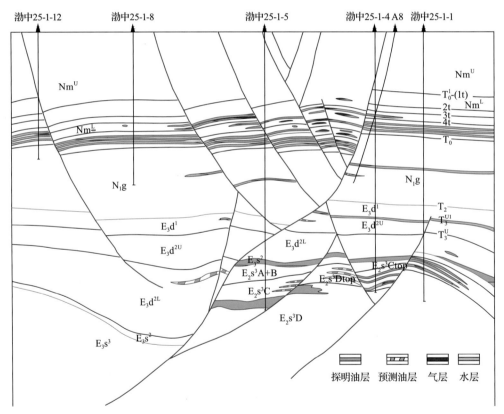

图 4-66　渤中 25-1/25-1S 油田花瓣构造

4.4　斜坡带"汇-聚"耦合与浅层成藏

斜坡带主要指从深部洼陷带向凸起区的缓慢过渡带，其分布面积一般占凹陷总面积的 50%～70%，是油气运移的主要指向区，也是渤海浅层勘探的重要领域。近年来相继在渤海海域临近陆上的辽河拗陷西斜坡、济阳拗陷东营南斜坡、歧口凹陷斜坡、冀中拗陷文安和蠡县斜坡等获得大规模发现，地质储量超 $15 \times 10^8 t$ 油当量，但多集中在深层古近系，特别是沙河街组。渤海海域渤中凹陷为渤海湾盆地最富烃洼陷，资源量近 $50 \times 10^8 t$，是最主要的储量发现区。由于渤中凹陷埋深大，50 余年的勘探主要以潜山和浅层为主，已发现很多大油田，储量发现主要以浅层为主，但这些浅层油气主要分布在凸起区、陡坡带和凹中隆起区，而且无论是深层还是浅层，大面积的斜坡带勘探成效目前都不理想。

虽然斜坡带浅层目前勘探成效不佳，但随着勘探的不断深入，近年来发现斜坡区深层在特定构造背景下也可发育隐伏汇聚脊，从而促成浅层规模成藏。将斜坡区分为无汇聚脊和有汇聚脊(隐伏型汇聚脊)两部分来分别论述其与浅层成藏关系。

4.4.1　无汇聚脊与浅层油气贫化

斜坡区虽然运移条件好，但在无汇聚脊背景下，油气更容易在高凸起大规模聚集成藏。斜坡带不存在使油气"聚"向上方浅层的汇聚脊。虽然斜坡带上也发育联通浅层圈闭的垂向断裂，但是由于不整合面的面积比断层面大、渗透性比断层面好，油气沿不整合面运移比沿断层运移更通畅。不整合面是油气运移的"高速通道"，几乎没有或很少量的油气沿断层垂向运移到浅层。因此造成油气运移"汇"而不"聚"的现象，浅层规模性成藏的概率相对小，多在深层形成地层、岩性油藏。在渤东斜坡(图 4-67)、石臼坨和莱州湾等地，针对缓坡带的构造勘探大多失利。

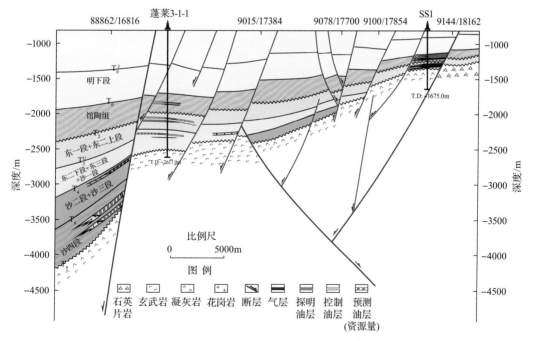

图 4-67　斜坡区无汇聚脊浅层油气贫化

T_0^1-平原组底界；T_0^2-明化镇组上段底界；T_0-明化镇组底界；T_1-馆陶组上段底界；T_2-馆陶组底界；T_3^U-东营组上段底界；T_3-东营组底界；T_8-新生界底界；T_4-沙河街组二段底；T_5-沙河街组三段底

斜坡区深层汇聚脊欠发育，很难在浅层形成规模油气。在渤海海域的勘探实践中，斜坡区油气发现的储量占比也非常低。特别是渤海海域渤东探区斜坡带，一直没有商业性发现。通过对斜坡区深入开展汇聚脊剖析发现，蓬莱 19-3 油田北部的蓬莱 19-1 构造和庙西北斜坡都具有斜坡断阶型汇聚样式，构成斜坡区小型汇聚脊群(图 4-68)，即小型含油气构造群。蓬莱 19-3 油田的低部位在实施钻探中发现了中型中–轻质油田。蓬莱 19-2-A 井在馆陶组井点位置较低的情况下仍然钻遇 14.4m 油层。

勘探实践证实，断阶斜坡部位可有一定规模的商业聚集，但是整体规模不大，主要是因为断阶处容易发育沉积砂体，形成砂体型汇聚脊，而且断阶处一般发育晚期通源断裂，油气进一步垂向运移能力强，但其规模主要取决于断阶部位的侧向封堵条件。一般而言，规模大的断裂为扭性断裂，容易封堵，窄陡斜坡相较于宽缓斜坡封堵条件更好。另外，在切脊断裂附近的高部位也可形成一系列小规模的油藏群。

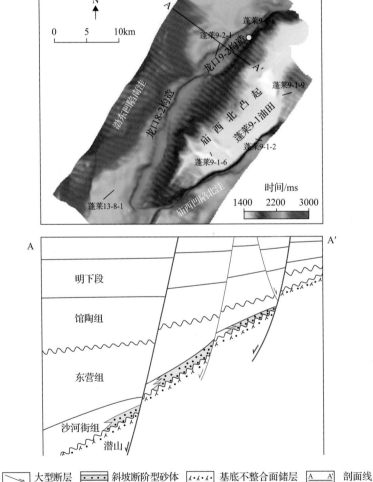

图 4-68 斜坡区缓坡断阶型浅层成藏特征

4.4.2 隐伏汇聚脊作用与浅层成藏

总的来说，渤海斜坡带汇聚脊并不发育，这也是斜坡带浅层勘探成效不佳的主要原因。但是随着浅层勘探实践和汇聚脊相关研究的不断深入，近年来在渤海南部郯庐断裂带围区的浅层勘探中，发现了一种非典型的"隐伏汇聚脊"。此种汇聚脊整体上处于斜坡带的构造背景，没有相对明显的突出高点，但局部发育低幅的宽缓凸起，即深层"脊"的形态隐伏于整体的斜坡构造带上(图 4-69)，勘探实践证实，此类汇聚脊控制下的浅层构造区也有很大潜力。下文从汇聚脊的成因演化，汇烃能力以及浅层油气聚集规律 3 个方面，来介绍这种隐伏型汇聚脊及对浅层油气成藏的控制作用。

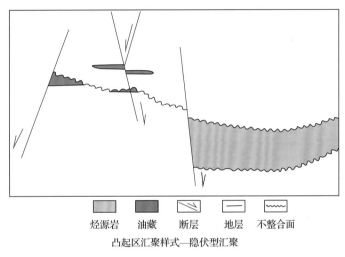

烃源岩　油藏　断层　地层　不整合面

凸起区汇聚样式—隐伏型汇聚

图 4-69　隐伏型汇聚脊示意图

1. 汇聚脊成因及演化

此类隐伏型汇聚脊发现于渤南地区的莱北低凸起之上，相关研究表明，渤海海域南部(主要包括黄河口凹陷、莱北低凸起、莱州湾凹陷)的构造演化主要受控于郯庐断裂带走滑作用和地幔上涌双构造动力源的影响，莱北低凸起构造演化与定型具有多成因机制复合的特征。始新世早期，受南北向伸展作用的控制，渤海东南部地区发育多个北降南抬的多米诺式掀斜断块，莱北低凸起的雏形初步形成。始新世末期—渐新世，随着郯庐走滑断裂带右旋走滑活动的日益增强，南北向的拉张伸展作用与 NNE 向的剪切作用共同控制了莱北低凸起这一掀斜断块的构造演化和几何形态。此时期，在郯庐走滑断裂东支、中支和南侧边界断裂的共同控制下，莱北低凸起发生呈顺时针方向的块体旋转活动。块体旋转运动使莱北低凸起西北部和东南部处于远离走滑断裂带伸展应力区，进而形成局部下降；而凸起的东北部和西南部则处于挤压应力区，呈现局部挤压抬升的构造特征。

郯庐断裂带在新生代中晚期发生较强的右行走滑活动。近年来较为的可靠证据表明其右行走滑活动开始于沙三段沉积时期。与此同时，莱北低凸起及其围区开始发生差异沉降作用；南部莱州湾凹陷东北角盐拱开始活动，沉积中心向西和向东北洼迁移；至沙一——二段沉积时期，整个莱州湾地区构造格局发生质的变化。由此可见，伴随着郯庐断裂带右行走滑作用的开始，莱北低凸起及其围区均进入新的演化阶段。而这些地区被夹持在双轨走滑之间，因此必然受到双轨走滑活动的影响。双轨走滑断层在活动时，被夹持的块体会受到走滑作用的影响或改造，其模式如图4-70所示。

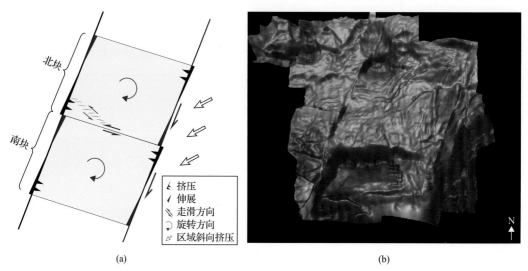

图4-70　右行双轨走滑改造模式图(a)及莱北低凸起具体表现(b)

　　走滑-伸展叠覆型斜坡带的"掀斜翘倾，坡隆转换"发育模式主要受伸展体系的掀斜翘倾与走滑体系下的释压与增压应力控制。一方面，断陷期伸展断裂的强烈活动导致块体翘倾，在整体斜坡背景上形成局部高点，是圈闭的有利发育区，亦是油气运聚的优势指向区；另一方面，受双轨走滑断层活动影响，被夹持的块体会受到走滑作用的影响或改造，主要表现为以下形式：

　　(1)走滑作用发生时，夹持块体受其牵引而具被动旋转趋势，右行走滑对应顺时针旋转，块体之间的边界断层具左行走滑性质。

　　(2)受限于围区地质体阻碍，夹持块体仅具旋转趋势而难以发生大规模旋转运动，但足以导致应力场的差异：受阻碍的两个角处于相对挤压状态，其他两个角处于相对松弛状态。

　　(3)差异应力场导致块体应变的差异：在区域伸展背景下，处于相对松弛状态的两个角容易发育伸展性质的走滑伴生断层，而其他两个角不易发育此类断层。

　　(4)差异应变引起差异沉降作用：在区域伸展背景下，伸展断层发育较多的两个角沉降幅度较大，沉积地层相对较厚，其他两个角则沉降幅度小，沉积地层相对薄。

　　(5)旋转遇阻受限时，可发育其他剪切破裂。

　　在右行双轨走滑改造中，右行走滑的牵引作用使得块体具顺时针旋转趋势(图4-71)，从而诱导出一系列变化，依次为应力场差异、应变差异、沉降差异、沉积地层厚度差异。这些表现中，沉积地层厚度差异是沉降差异的表现，沉降差异及应变差异又共同间接证实了应力场差异的存在。

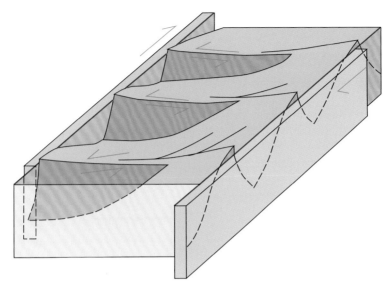

图 4-71 走滑活动对莱北低凸起的改造作用

由于受东西两侧"双轨走滑"的加持，在走滑-伸展叠覆应力作用下，莱北低凸起经历了从早期隆起到晚期斜坡的构造演化过程(图 4-72)。渤海湾盆地初始裂陷作用时期，莱北低凸起已初步形成，早期受伸展掀斜作用控制，莱北低凸起北部快速沉降，南部相对隆起，形成北低南高的斜坡。沙三中段沉积时期，在总体伸展的背景下，郯庐断裂带渤南段双轨走滑断层开始右行活动，作为响应，莱北低凸起所在块体具顺时针旋转趋势，导致东南角和西北角处于松弛状态，并加速沉降，最终发展为莱州湾凹陷东北洼以及黄河口凹陷东南斜坡带。而沉降较慢的地区形成 NE—SW 向展布的长条状隆起，即现今的莱北低凸起。

郯庐断裂带右行双轨走滑对莱北低凸起所在块体的改造作用总体可表示为：由于双轨右行走滑的改造作用，在初始裂陷期已成为洼陷的地区在改造中处于相对松弛状态则演化为深洼陷(黄河口凹陷中洼)，在相对挤压状态下演化为浅洼陷(黄河口凹陷东洼)；初始裂陷期的凸起区在改造中处于相对松弛状态则演化为洼陷(莱州湾凹陷东北洼)，处于相对挤压的地区则仍然是凸起(莱北低凸起东北角及西南角)。新近纪以来，虽然郯庐断裂带的右行走滑作用仍在持续，但是影响莱北低凸起及其围区的主导因素又转

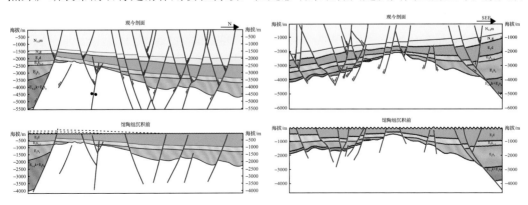

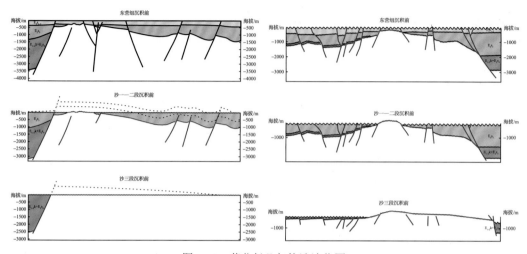

图 4-72　莱北低凸起构造演化图

左图为西部 SN 向剖面，右图为东部 SE 向剖面

为伸展作用。在区域伸展应力的作用下，整个渤海湾盆地以渤中拗陷为沉降中心，莱北低凸起成为该沉积中心的边缘斜坡带，整体表现为早期隆起到晚期斜坡的构造演化过程。

由于上述发育和改造过程，莱北低凸起在剖面上与其他凸起表现明显不同：莱北低凸起整体上表现为向南抬升的一个斜坡，但其中部存在隐伏型凸起，幅度小，且中间被鞍部分割，形态隐蔽，在二维地震资料上一般无法识别。该隐伏汇聚脊主要包括了南部垦利 10-1 北构造，北部的垦利 5/6 构造区；"两翼"分别为东翼的东南部斜坡带，向东南部延伸至莱州湾凹陷东北洼；西翼可细分为西部走滑带和北部断阶带，其中，西北走滑带主要包括垦利 3-4、垦利 3-5、垦利 9-2 构造，北部断阶带主要包括垦利 4-1 构造。

2. 汇聚脊汇烃能力

隐伏型汇聚脊整体处于斜坡带构造背景上，从汇聚要素及汇烃能力来看，主要和汇烃面积和局部凸起形态有关，这与凸起型汇聚脊有一定类似，但两者间仍有明显的区别。一是从汇聚脊汇烃面积来看，凸起型汇聚脊一般有双向下倾的斜坡不整合面，汇烃面积大，油气来源广，而隐伏型汇聚脊一般为单侧下倾，汇烃面积较凸起型汇聚脊小。从凸起形态来看，隐伏型汇聚脊一般较宽缓，与凸起型汇聚脊相比没有明显的绝对高点，低幅度的凸起形态虽然可能影响了运移动力，但也大大增加了隐伏型汇聚脊聚集油气的空间。

以北部的垦利 5/6 汇聚脊为例，其闭合高度为 280m，闭合面积 123km^2，长轴 21km，短轴 5.9km。与深层有效烃源岩接触面积 229km^2，深层不整合半风化岩石岩性为中生界火山岩，相应深度为 2120～2400m，对应的孔隙度平均值为 17.2%～19.0%，利用孔隙度和渗透率计算得出渗透率为 0.69～1.0mD，不整合半风化岩石厚度为 93.8～97.8m。从凹陷区到脊顶部的角度为 8.3°，小于凸起带对应的角度。与凸起型汇聚脊相比，隐伏型汇聚脊在源脊接触面积、汇聚脊幅度等方面处于劣势，但是隐伏型汇聚脊形态宽缓，闭合面积相对较大，也能汇聚一定规模的油气。

4.4.3　浅层油气聚集特征

隐型汇聚脊虽然在汇烃能力方面较凸起型强力汇聚脊有所逊色，但勘探实践证实，此类汇聚脊之上的浅层圈闭中也能发现大中型油气田。隐型汇聚脊浅层的油气成藏特征主要有以下两点。

1. 汇烃能力控制浅层富集规模及层位

隐伏型汇聚脊的汇烃能力决定了其向浅层的充注强度，同时也控制了浅层油气的富集规模和层位。

从浅层富集规模来看，虽然隐伏型汇聚脊目前也有较好发现，但与凸起型汇聚脊控制下的浅层油田规模相比仍具有较大差距（图 4-73），这与汇聚脊深层的汇烃能力有着直接关系。深层汇聚脊的汇烃能力奠定了浅层油气聚集成藏的整体背景，隐伏型汇聚脊在汇烃面积和凸起幅度等要素方面与凸起型汇聚脊还存在一定差距，这也决定了其在储量规模上远远小于高凸起区。

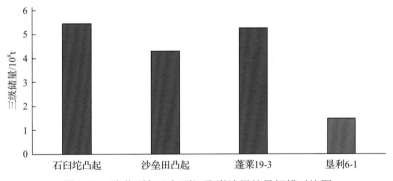

图 4-73　隐伏型与凸起型汇聚脊浅层储量规模对比图

另外由于隐伏型汇聚脊幅度较小，向上汇聚充注的能力小于凸起型汇聚脊，因此其浅层油层厚度一般较薄，油气富集层位一般较低。如图 4-74 所示，隐伏型汇聚脊控制下的垦利 6-1 油田油层主要分布于明下段Ⅴ油组，其上零油组至Ⅳ油组多为水层。而在凸起型汇聚脊控制下的蓬莱 19-3、曹妃甸 11-1 等油藏，由于充注能力强，油层厚度大，明化镇各油组，甚至馆陶组部分层位均能成藏（图 4-75）。

2. 汇聚脊的发育位置控制油气平面分布

勘探实践证实，莱北低凸起两类隐伏型汇聚脊的分布对浅层油气具有明显的控制作用，油气运移模式呈现出接力式的特征。油气沿着潜山不整合面和大断裂垂向运移至凸起区，沿新生界骨架砂体运聚至高凸起的汇聚脊，随着晚期断层持续活动，在正

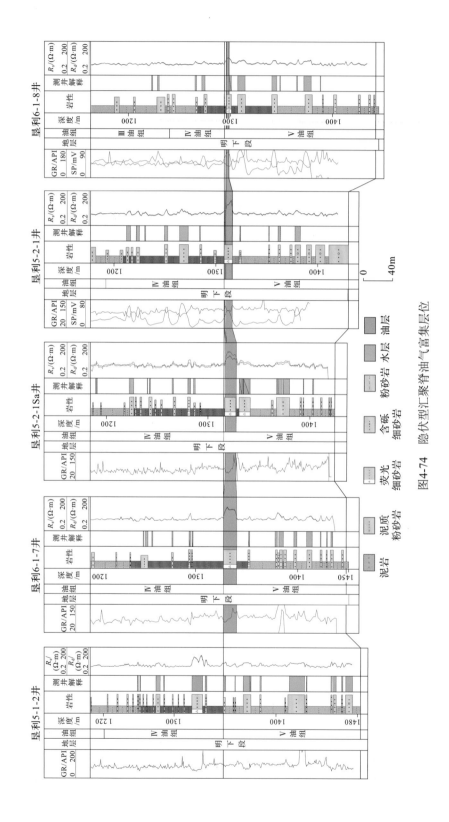

图4-74 隐伏型汇聚脊油气富集层位

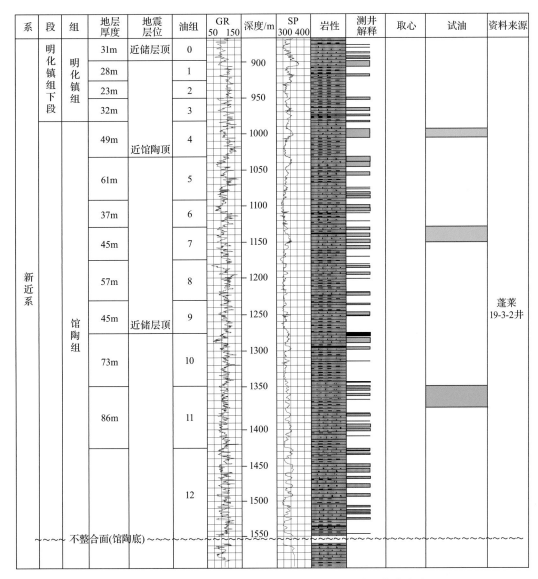

図 4-75　凸起型强力汇聚脊浅层馆陶组和明化镇组普遍含油

断层的沟通下，突破上覆东营组并源源不断地向浅层构造聚集成藏。因此，莱北低凸起两类隐伏汇聚脊浅层是油气成藏最为有利的区带。

(1)西段隐伏型聚脊。

西段汇聚脊的北部紧邻北部断阶带，整体呈阶梯状直通黄河口凹陷，顺向断层发育，反向遮挡断层不发育(图 4-76)。受阶梯状断层控制，黄河口凹陷油气可"阶梯式"向南运移，受断层截流较少，向南运移十分畅通，凸起区南段汇聚脊受边界断裂反向遮挡，具备较好的油气成藏条件。垦利 10-1N-3d/3dSa 井明下段主力砂体计算探明石油

地质储量 850.75×10^4 t，证实了西段隐伏型汇聚脊具有较强的汇油能力。

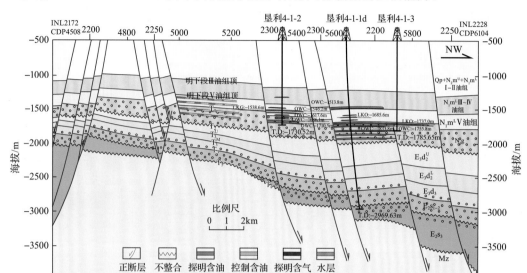

图 4-76 莱北低凸起西部隐伏型汇聚脊浅层成藏特征

（2）东段隐伏型汇聚脊。

东段隐伏型汇聚脊是莱北低凸起古近系"分水岭"，为莱北低凸起北部最高点，其向西北和东南方向均逐渐下倾，该区是油气运移的最有利油气运聚区，位于该区的垦利 5/6 构造区具备形成高丰度块的优越条件。由于新近纪以来向渤中拗陷的翘倾作用，使得莱州湾凹陷东北洼的油源难以运至该带，但是黄河口凹陷油源向该汇聚脊运移十分畅通，如垦利 6-1-1d 井油源全部来自黄河口凹陷（图 4-77）。受古近系背斜型汇聚脊控制，来自黄河口凹陷的油气可沿着不整合面向汇聚脊聚集，受多期次长期活动断

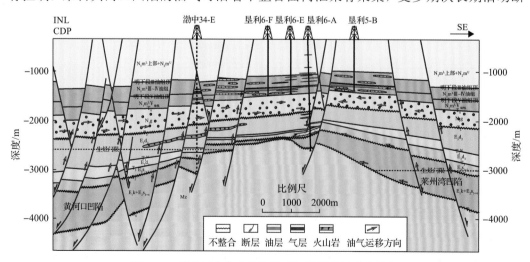

图 4-77 莱北低凸起东部隐伏型汇聚脊浅层成藏特征

层控制，油气在新近系浅层砂体中汇聚成藏。在该认识指导下，沿着油气"汇聚区"的优势运移路径开展浅层浅水三角洲岩性圈闭搜索，精细分析晚期断层与砂体耦合的运移效应，重点针对汇聚脊高点垦利 5/6 构造区展开新近系岩性勘探，获得高丰度油气发现，建立起开发立足点。

从深层汇聚脊的分布来看，西段隐伏型汇聚脊和东段隐伏型汇聚脊为两大油气优势运聚区。在这一认识的指导下，通过对两个区块开展整体勘探评价，最终取得了显著成效。东、西两大汇聚脊均被证实为油气富集区：东段的垦利 6-1、垦利 5-1、垦利 5-2 构造以及西段垦利 10-1N 构造均在新近系明化镇组获得规模性油气发现，含油气区域与两种类型汇聚脊高度叠合，表明隐伏型汇聚脊的分布对浅层油气成藏位置有良好的控制作用(图 4-78)。

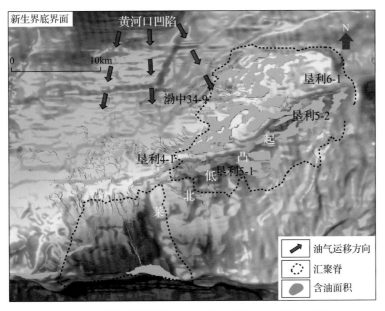

图 4-78　隐伏型汇聚脊发育位置与浅层含油面积叠合图

3. 断砂耦合关系影响浅层油气充满度

从隐伏型汇聚脊浅层断砂的耦合关系来看，由斜坡带向凸起区，断砂接触面积不断增大，烃柱高度不断变大。渤中 34-9 油田的断砂接触面积小，整体烃柱高度在 5~38.2m；垦利 4-1、垦利 5-1 构造断砂接触面积增大，整体烃柱高度在 15~31m；垦利 6-1 构造受多套断裂夹持，砂体与断裂接触面积最大，烃柱高度达 63~80m (图 4-79)。

针对垦利 5/6 构造区明下段 V 油组顶部砂体展开基于油气成藏过程的断-砂有效耦合分析，对有效的断砂耦合接触面积进行统计。结果表明，断砂接触面积与油气烃柱高度呈明显的正相关关系。在垦利 5-1 构造 1d 井区，断砂接触面积为 $5.76 \times 10^3 m^2$，烃柱高度仅为 13m，而在垦利 6-1 构造 6/9d/9dSa 井区，断砂接触的多点充注特征最为明显，断砂接触面积达到 $46.6 \times 10^3 m^2$，对应的烃柱高度高达 80m（图 4-80）。

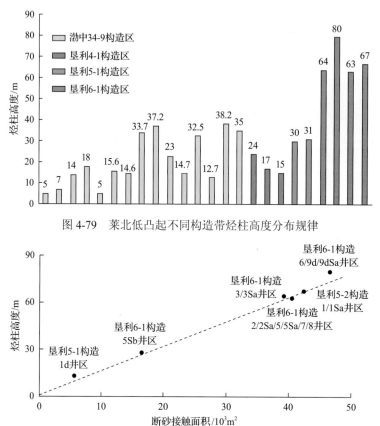

图 4-79　莱北低凸起不同构造带烃柱高度分布规律

图 4-80　垦利 5/6 构造区明下段Ⅴ油组顶部砂体断砂接触面积与烃柱高度定量表征

4.5　凹陷区浅层成藏

在凹陷区浅层，尽管有垂向活动断层可以连接浅层圈闭与深层烃源岩，但由于断层面与生油层接触的面积有限，且深层不存在汇烃构造，无法使油气长期汇聚并向浅层运移，局部少量的运移无法形成大规模商业聚集。这也从侧面说明了汇聚脊的存在对浅层油气富集成藏的重要作用。渤海海域凹陷区浅层的勘探实践证实，凹陷区的浅层难以成藏。在凹陷区的浅层构造实钻中，含油丰度较低，失利井较多，如在石南地区的秦皇岛 35-4（图 4-81）、歧口凹陷中心部位的海中 3 和歧口 11-1 等构造，多口井的钻探显示空井或薄油层，无商业油气聚集。

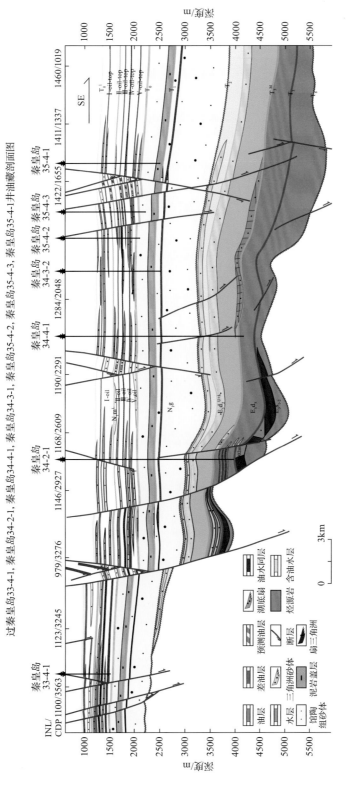

过秦皇岛33-4-1,秦皇岛34-2-1,秦皇岛34-3-1,秦皇岛34-4-1,秦皇岛35-4-1,秦皇岛35-4-2,秦皇岛35-4-3,秦皇岛35-4-1井油藏剖面图

图4-81　凹陷区无汇聚脊浅层油气贫化

第五章

勘 探 实 例

5.1 渤南低凸起蓬莱 19-3 油田

蓬莱 19-3 油田位于郯庐断裂带东支、渤南低凸起中段的东北端，其北侧和东南侧分别紧邻渤东凹陷和庙西凹陷(图 5-1)，是渤海海域发现的最大规模的新近系油田(郭太现等，2001)，其三级储量近 $10×10^8m^3$，具有埋藏深度浅和储量规模大等特征。蓬莱 19-3 构造走向近南北，长约 12.5km，东西宽 4~6.5km，基底为中生界白垩系火山碎屑岩潜山地层，古近系沙河街组的砂泥岩直接超覆于潜山风化面之上，构造类型属于在渤南低凸起上发育起来的被断层复杂化的断背斜。储集层为新近系明化镇组下段和馆陶组河流相陆源碎屑岩。

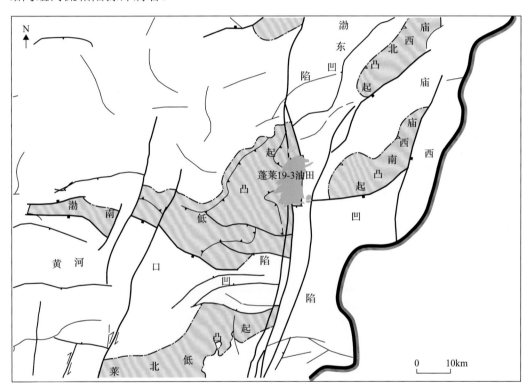

图 5-1　蓬莱 19-3 油田区域位置

5.1.1　勘探历程

蓬莱 19-3 油田周边地区的油气勘探工作始于 20 世纪 60 年代后期，勘探开发历程可以大致分为早期评价阶段、油田发现阶段、滚动勘探开发阶段和大面积综合调整阶段(薛永安等，2019)。

早期评价阶段(1967~1994 年)：该阶段在蓬莱 19-3 构造对应海域完成了十万分之一的磁法勘探，20 世纪 80 年代完成 2km×2km 二维地震普查，在此基础上初步解释了蓬莱 19-3 构造的形态和圈闭规模,并预测了前景资源量。但是受当时地震技术的限制,没有好的深部地震资料,导致对邻近渤中凹陷的地层和烃源岩层缺乏系统的认识,影响勘探潜力的预测(邓运华等,2001)。此外,当时认为蓬莱 19-3 构造属于一个小型的断块构造,受郯庐断裂破坏作用强烈。直到 20 世纪 90 年代中期,通过对渤南低凸起开展系统的综合石油地质评价研究,明确了蓬莱 19-3 构造具有较大的含油气远景,为油气勘探建立了信心。

油田发现阶段(1995~2001 年):1994 年 12 月,中国海洋石油总公司与菲利普斯石油国际亚洲公司签订了中国渤海 11/05 合同区石油合同。1995 年起双方合作在该地区进行了二维长偏移距及三维地震采集、处理、解释,首次揭示了渤中凹陷是一个继承性凹陷,且古近系烃源岩厚度达 300~6000m,生烃条件好,勘探潜力巨大(邓运华等,2001)。1995~1998 年,围绕渤中凹陷先后钻探发现了秦皇岛 32-6、渤中 25-1 南等油气田,证实了渤中凹陷为富烃凹陷以及"定凹探边、定凹探隆"这一勘探战略的科学性(邓运华等,2001)。在此背景下,利用三维地震资料重新解释,认为蓬莱 19-3 构造为一个大型断背斜,且紧邻富烃凹陷,油气成藏条件优越。于 1999 年部署钻探蓬莱 19-3-1 井,在新近系明化镇组下段和馆陶组解释油层 147.2m,成功发现了蓬莱 19-3 油田。随后,6 口评价井的钻探和测试也证实了蓬莱 19-3 油田为一个数亿吨级的海上大油田。

滚动勘探开发阶段(2001~2011 年):由于油田含油面积大、储量规模大、断块复杂,考虑油田开发的风险,对蓬莱 19-3 油田实施滚动评价和开发。在油田的滚动评价开发过程中,随着钻井资料的丰富,油田的构造更为清楚,对油田整体地质特征和成藏规律的认识不断深入。蓬莱 19-3 油田滚动评价开发进一步可划分为 4 期:①油田主体Ⅰ期(蓬莱 19-3 油田主体区 1、2 井区)于 2000 年 5 月完成储量评价、申报及开发可行性的系统研究,申报基本探明原油地质储量 $1.5175\times10^8m^3$,并于 2002 年正式投产。②油田主体Ⅱ期主要包括蓬莱 19-3 油田主体区 4 井区、地堑区、5 井区、楔型区、8 井区、6 井区和 7 井区共计 7 个区块的储量评价和综合开发。③随着滚动勘探认识的深入,持续在油田主体块周边滚动扩大,在主体块东南侧新增 25-6 块,于 2004 年 6 月完成储量评价,新增探明石油地质储量 $1.236\times10^4m^3$,于 2010 年 1 月投入开发。在主体块东北侧新增 19-9 块,于 2007 年 6 月完成储量评价工作,新增探明石油地质储量 $1.618\times10^4m^3$,于 2009 年 12 月投入开发。④基于油田评价的不断深入,以及评价过程中获取的钻井、取心、测试、取样、生产动态及地震等资料的不断丰富,后期针对已开发区块开展了多轮储量复算工作。

综合调整开发阶段(2012 年至今):蓬莱 19-3 油田已经成功开发 10 余年,高峰期年产油量达 $800\times10^4m^3$。但是,油田开发也出现了一系列新问题:①Ⅰ期、Ⅱ期采用一套层系定向井开发,油井初期产能高,递减速度快;②储层纵向非均质性较强,层间注水不均衡;③开发井网不完善、储量动用程度低、单井控制储量大、采油速度低;④合采开发层间干扰突出,注采关系不平衡、开发效果较差。为了解决开发面临的主要问题，已开发区块依次开展了细分开发层系、完善注采井网、提高储量动用等提高油田开发效果的综合调整研究。

5.1.2 汇聚脊特征

蓬莱 19-3 油田属于渤海海域特大型油田，具有地质储量丰度高、含油层段厚度大的特点。该油田位于渤南低凸起的高部位，横向上距离烃源灶达几十千米，含油层段主要分布在新近系明化镇组下段中-下部和馆陶组，其中主力油层主要分布于馆陶组，属于典型的远源源外成藏(图 5-2)。已有研究证实，渤中凹陷是蓬莱 19-3 油田主要的油气来源区(黄正吉等，2002；姜福杰等，2010；邹华耀等，2011；薛永安等，2019)。渤中凹陷是渤海湾盆地第一大凹陷，具有烃源岩厚度大、有机质丰度高、有机质类型好、成熟度高的特点，是目前整个渤海湾盆地资源量规模最大的凹陷(薛永安，2019)。由于渤中凹陷相比渤海湾盆地其他地区有着无法比拟的烃源供给条件，可以为蓬莱 19-3 特大油田的形成提供充足的物质基础。然而，烃源岩生成的油气经长距离的侧向输导并最终可以大量的聚集于某一部位，则需要汇聚脊的汇聚作用。

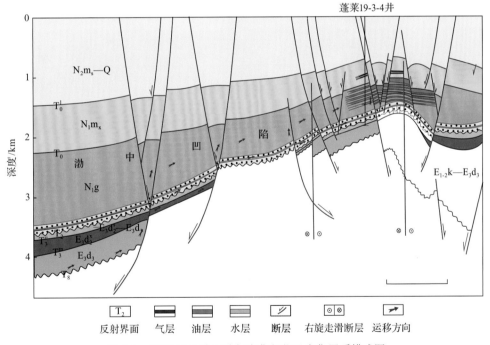

图 5-2　蓬莱 19-3 油田油气富集部位及富集层系模式图

蓬莱 19-3 构造属于典型的凸起型汇聚脊，该构造位于渤南凸起东部走滑断裂带之上，属于走滑增压叠复区，东营组晚期和明化镇组沉积时期的走滑压扭作用隆升变形，控制其成为渤南凸起最高部位。蓬莱 19-3 构造内部发育 5 条深入到渤中凹陷的输导脊，与渤中凹陷指状接触，呈多汇一聚的构造格局(图 5-3)。

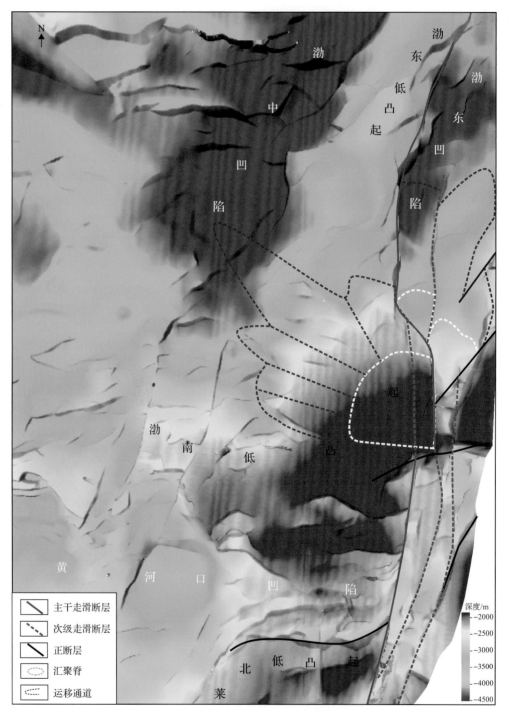

图 5-3 蓬莱 19-3 油田汇聚脊特征

地球化学特征表明蓬莱 19-3 油藏的原油表现为沙河街组和东三段烃源岩的混源油，证实了渤中凹陷沙三段、沙一—二段和东三段烃源岩均可为蓬莱 19-3 构造供烃，且输导通道与有效烃源岩接触面积达 606km², 为汇聚脊深层油气的汇聚奠定了充足的物质

基础(图 5-4)。同时，蓬莱 19-3 构造具备较好的长距离输导条件，不整合半风化岩石平

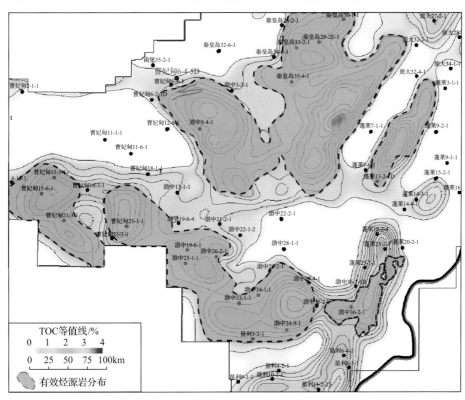

(a) 有效烃源岩分布图

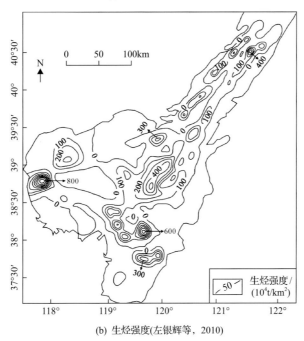

(b) 生烃强度(左银辉等，2010)

图 5-4　渤海海域沙三段烃源岩馆陶组沉积时期有效烃源岩分布及生烃强度图

均孔隙度约 20%，厚度约 101m（表 5-1）。汇聚脊高部位与有效烃源岩距离长达 10.7km，距有效烃源岩相对较远，且输导通道相对较为平缓（输导通道倾角约为 12°），但是由于多汇一聚的构造格局，输导通道数量多且具有继承性，同时在不整合运移通道连续性及多层输导通道的叠合作用下，保证了蓬莱 19-3 汇聚脊仍具有较好的横向输导能力。此外，蓬莱 19-3 汇聚脊发育规模巨大，汇聚面积高达 527km^2，可为深层油气的汇聚提供充足的空间。

表 5-1 蓬莱 19-3 汇聚脊特征表

汇烃特征	生烃强度/(kg/m^2)	4241
	与烃源岩接触面积/km^2	606.4
聚烃特征	岩性	火山岩
	地层	中生界
	不整合厚度/m	101
	不整合孔隙度/%	20
	汇聚脊面积/km^2	527
输导特征	不整合渗透率/mD	1.56
	倾角/(°)	12
	距离/km	10.7

在脊-断配置上，蓬莱 19-3 油田所处的大地构造位置独特，位于郯庐断裂东支主断裂上，造成该构造晚期断裂极其发育，断裂活动与浅层油气充注有较好的匹配关系。汇聚脊之上发育多条切至不整合输导层顶面的断裂，其中 NW 向晚期断裂断距较大，断层活动十分强烈，活动期断层垂向输导能力强，为深层汇聚的油气向浅层垂向运移提供了优势通道。良好的脊-断配置条件为本区油气在浅层圈闭成藏提供了优越的运移条件。同时，受益于断裂的发育，蓬莱 19-3 构造浅层断块型圈闭极为发育，圈闭内储盖组合条件优越。正是由于蓬莱 19-3 油田具有优越的汇聚脊条件（图 5-5），才得以在渤海海域这一经受构造活动强烈改造的复杂断陷盆地内形成一个源外特大型油田。

5.1.3 油藏特征

蓬莱 19-3 油田钻探结果表明，油田含油层段主要分布在新近系明化镇组下段中-下部和馆陶组，其中主力油层主要分布于馆陶组，含油层段厚度大（100～650m），单井钻遇油层厚度达 33～172m，最大含油砂体单层厚度可达 30m 以上。油层整体埋藏较浅（油藏埋深 745～1540m）。钻井已证实蓬莱 19-3 油田整体为被断层复杂化的背斜油田，由多个断块组成。构造主体区块的含油井段长、含油高度大（500～600m），满断块含油，构造高部位具有大段连续含油、中间不见水的特点，边部断块含油高度相对小。从单井钻遇油层厚度来看，主体区油层厚度一般大于 100m，翼部一般为 40～80m。从单油层的分布特点来看，油气沿砂体呈层状分布，局部受岩性尖灭控制，油藏类型为典型的构造油藏和岩性-构造油藏（图 5-6）。

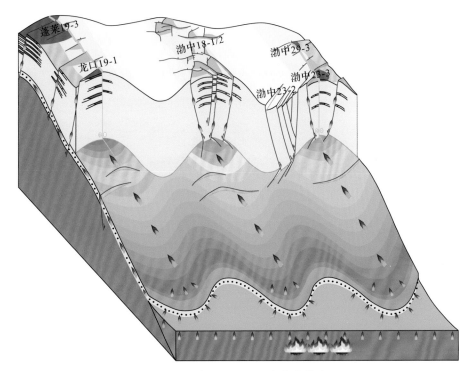

图 5-5 蓬莱 19-3 汇聚脊控藏模式

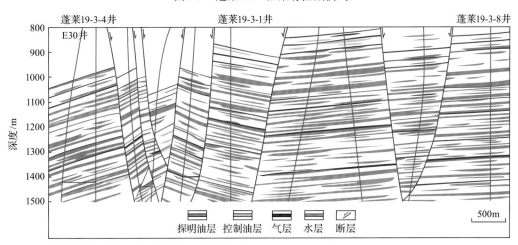

图 5-6 蓬莱 19-3 油田油藏剖面

蓬莱 19-3 油田范围内主要发育走滑断层与正断层，正断层多为走滑断层的派生断层，呈 NE 向或近 EW 向。晚期受两组近 SN 向走滑断层控制形成的一个完整大型扭断背斜，构造轴向近 SN 向。一系列 NE 向及近 EW 向正断层又将构造形态进一步复杂化，构造西翼较为平缓，东翼较陡。蓬莱 19-3 油田早期是潜山披覆背斜圈闭，后期受郯庐走滑改造强烈，断裂压扭应力下反转，形成扭压背斜，其幅度高约 580m，面积达 125km^2（图 5-7）。

图 5-7　蓬莱 19-3 油田馆陶组上段含油面积图

含油面积　　构造等值线海拔/m　　断层　　走滑断层

蓬莱 19-3 油田明下段厚 130～260m，整体以厚层泥岩夹薄层砂岩为主，砂岩含量为 8.6%～32.9%、平均为 21%，为油田重要的盖层（图 5-8）。馆陶组厚 355～475m，整体以厚层泥岩夹薄层砂岩为主，泥岩单层厚度整体小于明下段，储层岩性以含砾中砂岩-细砂岩为主，砂岩含量为 15.5%～41.7%、平均为 26.6%。粒度、岩石薄片以及扫描电镜资料显示，明下段和馆陶组砂岩主要为岩屑长石砂岩和长石砂岩，石英含量一般大于 40.0%，长石含量大于 28%，分选为中等-较好，磨圆度为次圆-次棱角状。主要孔隙类型为原生粒间孔，其次为粒间溶蚀缝和少量粒内溶蚀孔，储层孔隙度很大，连通性较好。据岩心和壁心分析结果，馆陶组下段（L80-L120 油组）储层孔隙度平均为 26.5%，渗透率平均为 1163.0mD。馆陶组上段（L50-L70 油组）储层孔隙度平均为 28.3%，渗透率平均为 1624.0mD。明化镇组下段（L00-L40 油组）孔隙度平均为 28.1%，渗透率平均为 1178.1mD，为高孔、特高渗储层（图 5-8）。

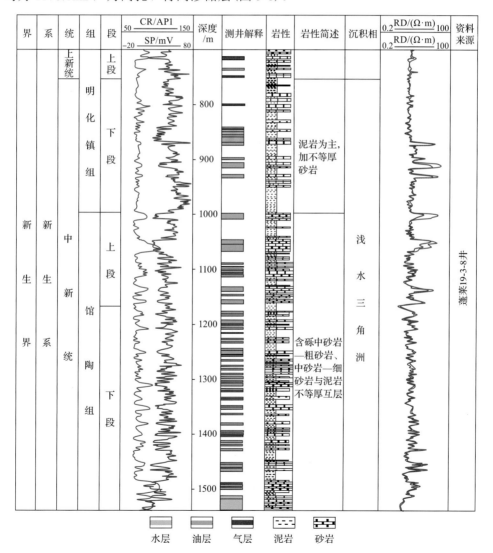

图 5-8 蓬莱 19-3 油田含油层段柱状图

蓬莱 19-3 油田原油整体表现为中质-重质原油,具有密度高、黏度高、胶质含量高、沥青质含量低、含蜡量较低、含硫量低、凝固点低的"三高四低"的特点(表 5-2)。但纵向上,随着油藏深度的增加,原油性质逐渐变好。平面上,从北到南,流体性质呈现出主体区好、南部差的趋势;从西到东,流体性质呈现出中部主体好,两翼相对较差。总体上表现为以 1 区(油田最高部位)为中心向四周低部位油质变差且有由北向南原油密度和黏度增加的特点。天然气赋存状态以溶解气为主,气体组分以烃类气 CH_4 为主,非烃组分中除含少量 N_2 外,在整个油田区域内广泛分布 CO_2,但变化幅度较大,主体区含量多在 0.07%~3.47%,但 A24 井区溶解气中 CO_2 含量高达 14.97%,平均为 7.00%。蓬莱 19-3 油田地层水总矿化度低于 9000.0mg/L,氯离子含量低于 5000.0mg/L,水型为碳酸氢钠型。

表 5-2 蓬莱 19-3 油田原油特征

层位	原油密度(20℃)/(g/cm³)	原油黏度(50℃)/(mPa·s)	凝固点/℃	含蜡量/%	胶质/%	沥青质/%
明下段	0.953~0.961	193.2~558.6	-33~-12	1.11~2.70	15.94~18.81	1.53~5.92
馆陶组	0.910~0.953	35.2~198.5	-35~-15	1.11~8.83	2.86~21.84	1.03~13.92

测压资料显示,温度和压力系统为正常的温压系统,其中平均压力系统为 1.030,平均压力梯度为 0.97MPa/100m,地温梯度为 2.8℃/100m。

5.2 黄河口凹陷渤中 28-34 油田

渤中 28-34 油田位于渤海海域南部黄河口凹陷中央隆起带上(图 5-9),北侧为渤南低凸起,南侧为垦东-青坨子凸起和莱北低凸起,东侧庙西凹陷,西邻沾化凹陷和埕北凹陷。黄河口凹陷及围区凸起实际钻井钻遇的地层丰富,包括太古宇变质花岗岩、古生界碳酸盐岩、中生界火山岩、古近系孔店组—东营组、新近系馆陶组—明化镇组和第四系平原组(彭文绪等,2009)。渤中 28-34 油田区为走滑断裂背景上发育起来的构造带,发育多种类型圈闭、多种储集体,较好的生储盖组合条件,为油气运移的优势指向区,分布着多种类型、多种性质的油气藏,是目前黄河口凹陷最富集的复式油气聚集带。目前发现的以浅层储量为主的油田主要为渤中 28-2 南油田和渤中 34-1 油田(亦即渤中 28-34 油田),以深层储量为主的油田包括渤中 34-2/4 油田和渤中 34-6/7 油田等,累计探明石油地质储量约 $1.40×10^8$t,成为渤海南部海域最重要的核心产油区。

5.2.1 勘探历程

黄河口凹陷的油气勘探起步于 20 世纪 80 年代初。多年的勘探实践表明黄河口凹陷是一个富生烃凹陷。20 世纪 80 年代初,以古近系和潜山为主要勘探层系,在黄河口凹陷中央隆起带上发现了渤中 34-2/4 和渤中 28-1 等中深层油田。近几年来,以新近系为主要勘探层系,相继发现了渤中 28-34、渤中 29-4 等一系列大、中型油气田。

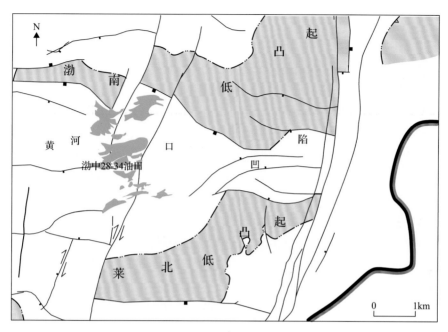

图 5-9　渤中 28-34 油田区域位置

2006 年 2 月，为揭示渤中 28-2 南构造明下段的含油气性，在主体区构造高部位钻探渤中 28-2S-1 井，该井在明下段钻遇油层 76.0m、气层 11.3m，从而发现了渤中 28-2 南油田主体区。为进一步揭示渤中 28-2 南构造东营组及沙河街组的含油气性，2006 年 3 月在大断层下降盘钻探渤中 28-2S-2 井，完钻层位为沙三段，该井在明下段发现油层 3.4m、东营组发现油层 1.9m、沙河街组发现差油层 11.1m。为尽快落实该油田的储量规模，2006 年 4 月在油田主体区渤中 28-2S-1 井西南方向 1.5km 处钻探渤中 28-2S-3 井，该井在明下段发现油层 42.5m、气层 2.6m；2006 年 5 月在主体区渤中 28-2S-1 井东北方向 1.3km 处钻探渤中 28-2S-4 井，该井在明下段发现油层 41.4m。渤中 28-2 南油田北块是渤中 28-2 南油田北部的一个扩边区块，与渤中 28-2 南油田主体区具有相同的地质背景，2006 年 12 月为了落实北块的含油气性，在北块钻渤中 28-2E-1 井，该井完钻层位为东营组，在明上段钻遇气层 7.5m，在明下段钻遇气层 36.5m、油层 28.7m。为进一步落实北块的储量规模，2007 年 1 月～2 月又在北块钻渤中 28-2E-2、渤中 28-2E-3 和渤中 28-2E-4 井。其中渤中 28-2E-3 井在明下段钻遇气层 8.3m、油层 9.3m，渤中 28-2E-4 井在明下段钻遇油层 1.3m，渤中 28-2E-2 井在明下段未钻遇油气层。截至目前，渤中 28-2 南油田已钻探井和评价井 8 口，开发井 42 口，累计探明储量 5000×10⁴t。

1984 年 1 月在渤中 34-1 构造西侧首钻渤中 34-1-1 井，在明下段和馆陶组钻遇气层 12.6m、油层 8.3m，当时认为该区无商业价值而暂时中止了评价工作。但明下段和馆陶组油气层的发现，预示着渤中 34-1 构造浅层具有较大的勘探潜力。2000～2002 年在渤中 34 地区重新布署了三维地震采集，经过处理与解释，落实了渤中 34-1 地区的构造和圈闭，重点研究了研究区的汇聚脊特征。2003 年初在渤中 34-1 构造南块完钻的渤中

34-1S-1 井，在新近系明下段钻遇 41.8m 油层、1.5m 气层，从而揭示了渤中 34-1 构造良好的勘探前景。2003 年 4 月～2004 年 4 月，在构造的主体、东南侧和北侧，又先后完钻 8 口预探井和评价井，新钻的预探井和评价井在明下段测井解释油气层厚度 14.8～58.6m。渤中 34-1 油田北块是渤中 34-1 油田北部的一个扩边区块，与渤中 34-1 油田主体区具有相似的含油气条件。为探明北块的含油气性，2005 年 4 月在北块钻渤中 34-1N-1 井，该井在明化镇组上段钻遇气层 2.5m，在明化镇组下段钻遇气层 7.2m、油层 20.1m，并在馆陶组钻遇油层 5.5m。为进一步落实北块的储量规模，2006 年 3～5 月又在北块钻渤中 34-1N-2 井和渤中 34-1N-3D 井。其中渤中 34-1N-2 井在明化镇组下段钻遇气层 3.5m、油层 7.1m；渤中 34-1N-3D 井在明化镇组上段钻遇气层 9.4m，在明化镇组下段钻遇气层 12.9m、油层 40.3m。渤中 34-1 油田西块是渤中 34-1 油田西部的一个扩边区块。为探明西块的含油气性，2010 年 4～6 月相继钻探了渤中 34-1W-1D 井和渤中 34-1W-2D 井，两口井的钻探证实了钻前的预测，均钻遇了较厚的油气层。渤中 34-1W-1D 井位于渤中 34-1-1 井的西北部构造高部位，井口距离渤中 34-1-1 井 1.2km，在明下段解释油层 45.8m、气层 16.9m，馆陶组顶部解释油层 2.6m。渤中 34-1W-2D 井位于 1 井区相邻南部断块，井口距离渤中 34-1-1 井 0.9km，在明下段解释油层 26.4m、气层 0.6m。2012 年 2 月与 8 月，在渤中 34-1 油田北块 N-4 井区先后钻探了渤中 34-1N-4 井和渤中 34-1N-5 井，在明下段测井解释油气层厚度分别为 14.3m、48.6m。2012 年 9 月，在渤中 34-1 油田北块 N-6 井区钻探了渤中 34-1N-6 井，在明下段测井解释油气层厚度 18.8m。

5.2.2 汇聚脊特征

渤中 28-34 油田群所在的中央构造脊为典型的发育于黄河口凹陷中央的"凹中隆型汇聚脊"（图 5-10）。成藏动力学分析表明，隆起区是凹陷中流体势的低势区，是油气运移的主要指向。勘探实践和地化研究证实，黄河口凹陷古近系烃源岩已进入成熟生烃期，而该地区 T_8 不整合、T_5 不整合以及古近系渗透性砂体与烃源岩广泛接触，因此生成的油气能顺利注入临近的不整合和砂岩储层。在油气向不整合及源内砂体源源不断输送的同时，古近系的汇聚背景为后期浅层油气成藏起到了重要作用。如果没有古近系汇聚背景的存在，凹陷中的浅层构造就很难有油气规模性地富集成藏，这已为渤海多年的勘探实践所证实。

渤中 28-34 油田群所在的"凹中隆型汇聚脊"长轴呈近南北方向展布，东西两侧发育大型断层，并与生烃洼陷相连接（图 5-11）。该生烃洼陷主要烃源岩层系为古近系沙三段和沙一——二段，沙三段和东下段烃源岩有机碳含量平均值分别达到 2.99% 和 2.0%，为好的烃源岩，沙一——二段烃源岩有机碳含量平均值为 0.88%，为中-好的烃源岩。有机质类型均以 II_1-II_2 型为主，整体上烃源岩丰度高，类型好，成熟度较高，现今沙三段、沙一——二段烃源岩均处于生油高峰期，生烃强度为 $5503kg/m^2$，利于烃源岩内油气的排出。同时，渤中 28-34 油田群所在的"凹中隆型汇聚脊"不整合面与有效烃源岩接触面积达 $254km^2$，可以使油气大量地向汇聚脊充注，具有非常好的汇烃能力，

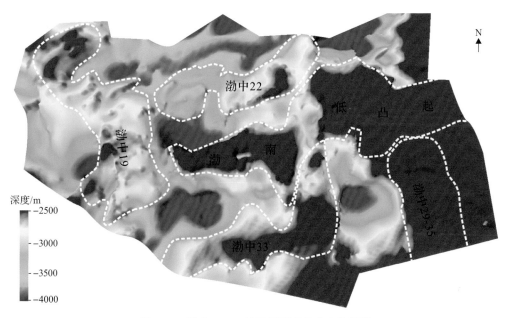

图 5-10 渤中 28-34 油田群所在的中央构造脊

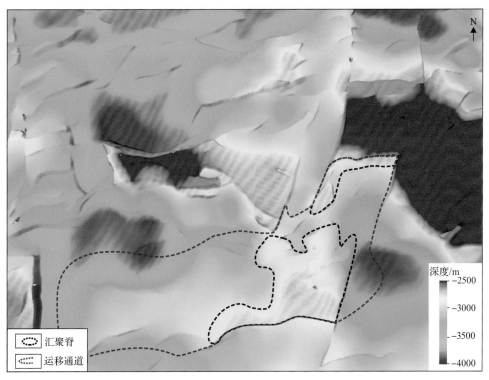

图 5-11 渤中 28-34 汇聚脊构造形态展布特征

为汇聚脊深层油气的汇聚奠定了充足的物质基础。渤中 28-34 汇聚脊面积达 314km²，属于规模较大的凹中隆（表 5-3）。渤中 34-1-1 井在埋深 3791m 处钻遇中生界安山岩，在该深度预测其孔隙度为 7.0%，半风化岩石厚度 73.8m，汇聚脊汇聚规模达 1.5km³，为汇聚脊聚烃提供了充足的空间。

表 5-3 渤中 28-34 汇聚脊特征表

汇烃特征	生烃强度/(kg/m²)	5503
	与烃源岩接触面积/km²	254.4
聚烃特征	岩性	火山岩
	地层	中生界
	不整合厚度/m	73.8
	不整合孔隙度/%	7.04
	汇聚脊面积/km²	314
输导特征	不整合渗透率/mD	0.07
	倾角/(°)	5.8

此外,在汇聚脊构造背景之上,孔店组、沙一——二段和东营组广泛发育渗透性砂体,也可为油气的汇聚提供输导通道和聚集空间。其中沙一——二段目前勘探程度较高,储层广泛分布,只要保存条件好的圈闭目前均已成藏,而孔店组由于前期认识程度不够、勘探程度较低,随着渤中 19-6 气田在孔店组取得较大勘探突破,黄河口西洼孔店组构造脊成藏潜力也开始被重视。总之,在中央构造脊继承性发育的东营组、沙一——二段、孔店组三个具有汇聚背景的继承性构造脊,为新近系油田的形成提供了充足的油气供给。因此,尽管渤中 28-34 汇聚脊倾角小、不整合半风化岩石渗透率相对较低,但由于汇聚脊不整合发育规模较大,且深层广泛发育渗透性砂体,从而构成了不整合输导层-渗透性砂体叠置的多层汇聚通道,并与烃源岩形成大范围的接触,因此渤中 28-34 汇聚脊能够汇聚充足的油气,为浅层油气的聚集提供了充足的油气供给。

受郯庐走滑带西支右旋运动影响,渤中 28-34 油田群所在的"凹中隆型汇聚脊"之上发育多条切穿汇聚脊 T_8 界面的大型输导断层,以及与大断层搭接的次级断层(图 5-12)。在晚期构造运动作用下,切穿汇聚脊的主干断层新近纪——第四纪重新强烈活动,并伴生了大量近 EW 向的密集断裂网,这些断层相互切割,沟通了汇聚脊的不整合面和浅层新近系储层,使得凹中隆起型汇聚脊汇聚的油气输导至浅层。因此,渤中 28-34 油田群属于典型的脊-断耦合控藏模式所形成的大-中型油田。

5.2.3 油藏特征

渤中 28-34 油田由渤中 28-2 南、渤中 34-1 等组成,流体分布受构造和岩性双重因素控制,平面上和纵向上存在多套油水系统。主要含油砂体呈叠合连片分布,受到构造形态、岩性和断层的控制,整体为岩性-构造油气藏(图 5-13)。

渤中 28-2 南主体区为一继承性发育并被断层复杂化的断块圈闭,它的形成受 SN 向两组倾向相反的 NE 向正断层控制,各层圈闭形态基本一致。由 3 个局部断块组成,分别为主体块、3 井北断块和 4 井北断块。其中,主体块整体为 NW 高、SE 低,近 NE 走向。圈闭长轴约为 6.6km,短轴约为 3.4km;在各油组顶面构造图上,圈闭面积为 11.4~

· 156 ·

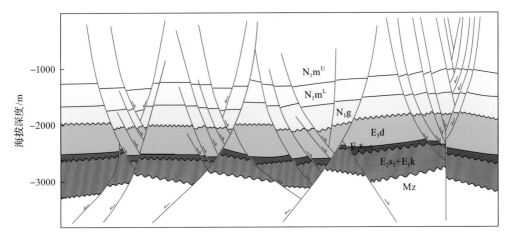

图 5-12　渤中 28-34 油田中央构造脊形态图

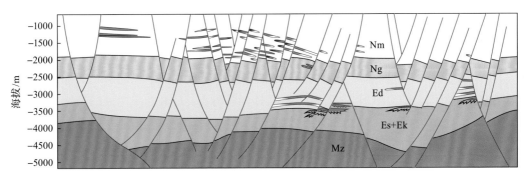

图 5-13　渤中 28-34 油田油藏剖面图

14.8km², 闭合幅度为 60～80m。渤中 34-1 整体为夹持在两条边界断层之间的地堑构造, 整体是复杂断块格局。两条边界断层和次生断层将其主体区分成 7 个断块, 整体呈北高南低, 近 EW 走向, 各断块高点埋深为 1245～1305m, 闭合面积在 1.5～6.4km²。

　　渤中 28-34 油田主要含油层系发育于新近系明下段, 渤中 28-2 南主体区明下段属于浅水三角洲沉积, 可分为三角洲平原、三角洲前缘和前三角洲亚相。储层主要为细粒和中-细粒岩屑长石砂岩, 碎屑颗粒为石英、长石、岩屑及少量的云母和重矿物。岩石成分成熟度较低, 石英含量 38.0%～46.0%, 平均 41.5%; 长石 27.0%～35.0%, 平均 31.0%; 岩屑 19.0%～32.0%, 平均 27.5%。颗粒分选中～好, 呈次棱～次圆状。岩石孔隙发育, 连通性较好, 面孔率约 30%, 以粒间孔为主。黏土矿物以伊/蒙混层为主, 另有少量伊利石、高岭石和绿泥石。孔隙度分布范围为 12.6%～39.7%, 平均为 31.6%; 渗透率分布范围为 11.0～6820.0mD, 平均为 1787.0mD, 储层具有高孔高渗的储集物性特征。渤中 34-1 明下段下部主要以曲流河沉积为主; 明下段中上部发育极浅水湖泊, 河流入湖后形成特殊的极浅水条件下的三角洲沉积, 因为湖水浅、能量弱, 浅水三角洲沉积主要发育三角洲平原的分流河道。储层岩性主要为中-细粒岩屑长石砂岩, 颗粒分选中-好, 磨圆次圆-次棱状。岩石成分成熟度较低, 石英含量 31.0%～67.0%, 平均

41.0%；长石 23.0%～51.0%，平均 41.0%；岩屑 5.0%～36.0%，平均 18.0%。黏土矿物以伊/蒙混层为主，其次为伊利石、高岭石和绿泥石。孔隙度分布范围为 7.4%～42.8%，平均 30.2%，渗透率分布范围为 1.6～5604.0mD，平均 851.1mD，储层具有高孔高渗的储集物性特征。

明下段地面原油具有密度中等、黏度低-中等、含硫量低、胶质沥青质含量中等、含蜡量高等特点。其中，渤中 28-2 南油田主体区 20℃条件下，地面脱气原油密度为 0.889～0.920g/cm^3，平均为 0.913g/cm^3；50℃条件下，地面脱气原油黏度在 17.81～77.51mPa·s，平均 53.45mPa·s。地面原油密度和黏度随着油藏埋深的增加而减小。平面上，高部位原油密度和黏度较低部位小，含蜡量较高，介于 7.06%～20.89%，平均约为 14.60%；凝固点低，介于–14～+20℃，平均为+1.9℃；胶质沥青含量中等，介于 10.21%～14.65%，平均为 13.08%；含硫量低，在 0.15%～0.22%，平均为 0.19%。渤中 34-1 油田原油密度为 0.862～0.919g/cm^3，平均 0.886g/cm^3；原油黏度介于 8.39～67.37mPa·s，平均 22.19mPa·s；胶质沥青质含量为 6.84%～22.28%，平均 10.35%；含蜡量介于 10.84%～25.19%，平均 18.74%；凝固点为 10～30℃，平均 23℃；含硫量为 0.12%～0.25%，平均 0.16%。渤中 28-2 南油田明下段天然气多以溶解气的形式出现，具有 CH_4 含量高、CO_2 和 N_2 含量低，不含 H_2S 等特点。CH_4 含量为 92.17%～99.52%，C_2H_6-C_6H_{14} 含量为 0.09%～6.97%，CO_2 含量为 0.14%～4.06%，N_2 含量为 0.02%～0.69%，气体相对密度为 0.557～0.620。渤中 34-1 油田明下段天然气具有 CH_4 含量高、CO_2 和 N_2 含量低、不含 H_2S 等特点，CH_4 含量为 72.04%～98.35%，C_2H_6～C_6H_{14} 含量为 0.58%～27.20%，CO_2 含量为 0～4.03%，平均 0.92%，相对密度为 0.564～0.892，所有气样均不含 H_2S。渤中 28-2 南油田水型均为碳酸氢钠型（$NaHCO_3$），总矿化度为 1483～2050mg/L，平均为 1788mg/L，pH 在 7.2～9.0，平均值为 8.2。渤中 34-1 油田地层水总矿化度为 1697.13～5338.48mg/L，平均为 3137.37mg/L，pH 在 8.32～9.04，平均值为 8.61，水型为 $NaHCO_3$ 型。FMT、MDT 和 DST 测试资料表明，渤中 28-34 油田区为正常压力和温度系统。其中，渤中 28-2 南油田主体区地层压力系数为 0.99，压力梯度为 0.968MPa/100m，温度梯度为 2.80℃/100m；渤中 34-1 油田压力梯度为 0.95MPa/100m，温度梯度为 3.38℃/100m。

5.3　渤中凹陷西部曹妃甸 12-6/渤中 8-4 油田

曹妃甸 12-6/渤中 8-4 油田位于渤海中部海域，区域上曹妃甸 12-6/渤中 8-4 油田位于渤中西洼中央构造带，北接石臼坨凸起，西南临沙垒田凸起，东南与渤中凹陷主体相接（图 5-14）。受控于张蓬-郯庐双向走滑断裂，构造极其破碎，浅层整体表现为复杂断块型圈闭群，成藏十分复杂。

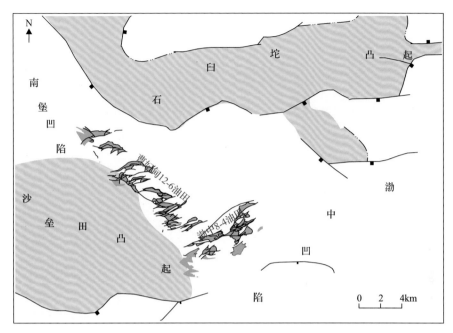

图 5-14 曹妃甸 12-6/渤中 8-4 油田区域位置图

5.3.1 勘探历程

曹妃甸 12-6/渤中 8-4 油田的油气勘探评价共经历多个阶段。第一阶段是以潜山为目的层的勘探阶段，主要钻探海中 8 井和渤中 8-4-1 井。海中 8 井钻探于 1974 年，完钻层位太古界，在明下段、中生界共获得油层 22.2m，并在中生界裸眼求产，仅获 0.39m^3，产能不理想，勘探一度搁置。1997 年外国石油公司钻探的渤中 8-4-1 井，以碳酸盐岩潜山为主要目的层，未获得良好油气发现，最终放弃继续勘探。第二阶段是以古近系为主的合作阶段。2003～2006 年，外国石油公司以古近系为主要目的层，在 6-1 区块/6-2 区块分别钻了曹妃甸 6-1-1D、曹妃甸 6-2-1D 两口井，这两口井在深层未获得理想发现，仅在馆陶组钻遇一定厚度油层。第三阶段是浅层勘探阶段。在汇聚脊模式指导下，2012 年 2 月，以明下段、东营组为主要目的层钻探了渤中 8-4-2 井，在明下段、馆陶组发现油气层 48.1m，该井成功钻探说明了渤中 8-4 构造较大的勘探潜力，实现了渤中凹陷西斜坡浅层的重要突破，揭开了渤中 8-4 油藏评价的序幕。2013 年，在 12-6 区块钻探曹妃甸 12-6-1 井，该井完钻层位为太古界，在明下段、中生界均获得较好发现，累计油层 111.7m，从而发现了该油田。该井最终在明下段、中生界测试，产能在 71～86m^3/d。由于中生界压降较大，储量难以动用。而浅层获得商业油流，明确了本区主要勘探层系，即浅层新近系，该井也揭开了曹妃甸 12-6 油藏评价的序幕。至 2016 年曹妃甸 12-6/渤中 8-4 油田完成评价，其中渤中 8-4 构造共钻探 14 口井，曹妃甸 12-6 构造共钻探 13 口井，明确了曹妃甸 12-6/渤中 8-4 为油层厚度大、测试产能高、储量丰度大的高品位中轻质油田。

5.3.2 汇聚脊特征

曹妃甸 12-6/渤中 8-4 构造区属于凹中隆型汇聚脊,其油气运移模式是指在凹陷区内的次级中、小型隆起上形成的浅层成藏模式,强调油气首先在古地貌隆起处汇聚。由于潜山不整合面是油气运移的良好通道,不整合面与凹陷中的烃源岩有大面积接触,油气可以沿不整合面不断形成横向汇聚;当油气到达凹陷区内的次级古隆起高点后,无法沿不整合面继续运移时,可通过晚期大量发育的、贯穿次级古隆起的断裂形成垂向运移,直至在浅层成藏。如果没有断穿上覆地层的断层,油气将无法向上运移进入浅层。次级古隆起的大小、埋藏的深度、不整合面与烃源岩的接触面积以及输导性决定了油气汇聚脊的能力(薛永安,2018)。古构造脊形态控制了油气初次运移的方向,隆起面积越大、埋深越浅、幅度越缓,油气的汇聚能力越强;断层形态、活动性及发育程度控制油气垂向运移效率,断层活动性越强、突破压力越小,油气的垂向充注能力越强,富集层位越浅。

在伸展-走滑模式指导下,重新厘定渤中西洼凹陷结构,突破传统上对渤中西洼斜坡带的认识,明确了汇聚脊的存在。通过构造梳理,最终精细刻画了渤中西洼汇聚脊的分布。从汇聚脊分布来看,呈现"洼中隆"典型特色(图 5-15)。

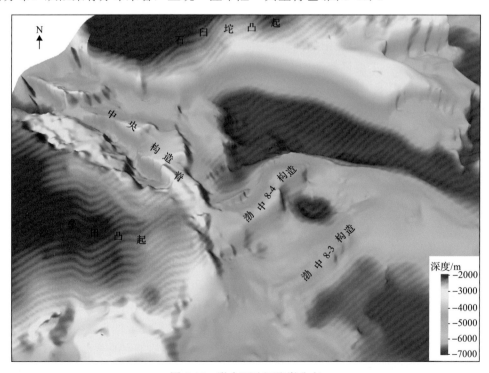

图 5-15　渤中西洼汇聚脊分布

渤海海域是在地幔热隆起、斜向挤压的"伸展-走滑双动力源"背景下形成,在渤中西洼同样如此。新生代早期(或中生代晚期)NW 向张-蓬断裂带发生左旋走滑拉张,诱导产生了 NE 向反向走滑的共轭里德尔剪切破裂带，该时期由于 NW 向走滑拉张作用形成了渤中西洼西侧 NW 向断裂，控制形成了曹妃甸 12-6 油田西侧的洼槽，中央隆起带雏形显现。古近纪时期，地幔热底辟活动相对增强，造成该时期渤中西洼以裂陷伸展作用为主，先存的 NW 向基底走滑断裂在拉张应力作用下，表现为拉张断层，中央隆起带最终形成，同时渤中西洼形成了隆洼相间的结构特征，发育了多个箕状洼陷（图 5-16）。

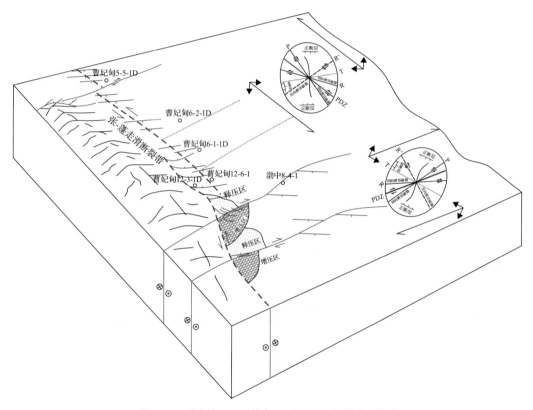

图 5-16 曹妃甸 12-6/渤中 8-4 深层汇聚脊形成模型

古隆起的面积、埋深、与烃源岩的接触关系等与油气的汇聚密切相关。古隆起面积越大，埋深越浅，幅度越大，汇烃能力越强。曹妃甸 12-6 构造南部基底古隆起面积大、埋深浅、幅度较缓，油气汇烃能力较强，充注也更强，整体上油气更富集。此外古隆起的轴向形态影响与烃源岩的接触面积，长轴接触时，接触面积大，汇烃能力强（表 5-4）。曹妃甸 12-6/渤中 8-4 油田区深层汇聚脊与凹陷区沙河街组烃源岩大面积接触，烃源岩排出的油气优先向汇聚脊高速运移，形成油气的初次汇聚，且汇聚脊相对越高越有利于油气运聚。当油气在汇聚脊高部位汇聚之后，通过晚期大量发育的贯穿汇聚脊的活动性断裂垂向运移至浅层成藏。

表 5-4 古隆起形态与汇烃能力关系图

构造区	曹妃甸 12-6/6-1	曹妃甸 6-2	对比分析
面积/km²	70.2	25.2	面积越大,汇烃能力越强
埋深/ms	2260~2480	2500	埋藏越浅,汇烃能力越强
幅度/ms	220~620	660	幅度越缓,汇烃能力越强
与烃源岩接触关系	长轴接触	短轴接触	接触面积越大,汇烃能力越强

曹妃甸 12-6/渤中 8-4 油田分布在汇聚脊发育的部位,油气受汇聚脊控制明显(图 5-17)。渤中 8-4 构造汇聚脊面积大、幅度陡,油气汇烃能力强,储量丰度最高(高达 $379.63 \times 10^4 t/km^2$);曹妃甸 12-6 构造曹妃甸 12-6/6-1 区块汇聚脊面积较大、埋深浅、幅度较陡,油气汇烃能力较强,储量丰度也较高($260.3 \times 10^4 \sim 392.5 \times 10^4 t/km^2$);相比前者,北部曹妃甸 5-5 区块汇聚脊面积较小,汇烃能力较弱,储量丰度低($157.7 \times 10^4 t/km^2$),油气富集程度较差。

5.3.3 油藏特征

勘探实践表明,曹妃甸 12-6/渤中 8-4 油田区纵向上油水间互,存在多套流体系统,主要含油气层位为新近系馆陶组和明化镇组。其中,曹妃甸 12-6 明化镇组油藏类型以岩性-构造油藏为主,油藏埋深 580~1550m,馆陶组油藏类型以块状构造油藏为主,其次为层状构造油藏,油藏埋深 1440~1842m。渤中 8-4 明化镇组油藏局部受砂体分布范围控制,具有"一砂一藏"的特点,纵向上具有多套油、气、水系统,有边水油藏、底水油藏及带气顶油藏,油藏类型主要为岩性-构造油藏,油藏埋深 -970~-2020m。馆陶组油水分布主要受构造因素控制,在主力区块渤中 8-4-7 井区馆陶组纵向上发育多套油水系统,油层聚集在构造高部位,低部位渤中 8-4-3 井钻遇水层,主要为构造油藏,油藏埋深 -2010~-2420m。

曹妃甸 12-6 油田圈闭沿古构造脊依次分布,被晚期 NEE 向断层分隔。以两条近东西向切穿东营组的断层为界,由北向南分隔为 6-2 区块、6-1 区块、12-6 区块。12-6 区块为一个具有基底古隆起背景、被断层复杂化的背斜构造,具有多个断块、多个高点的特征,走向 NW,地层向四周下倾。按不同的断块主要分为 7 个井区,各井区圈闭面积在 0.3~2.4km²,闭合幅度 10~170m。6-1 区块位于沙垒田凸起东北倾末端,具有基底古隆起背景,东、西、北三面环洼,主要受 NE 向断层及 NW 向断层共同控制形成的复杂断块群。按不同的断块主要分为 2 个井区,各井区圈闭面积在 1.2~5.3km²,闭合幅度 10~80m。6-2 区块位于渤中凹陷西斜坡中央构造带上,具有基底古隆起背景,紧邻渤中凹陷西次洼。该构造受 NW 向左旋走滑控制,多期构造活动,发育过程中存在伸展和走滑并存的应力场,形成一系列 NEE 向的走滑派生断层,具有雁列式、帚状等不同组合样式,走滑断层与走滑派生断层共同构成了区内断裂体系。按照不同断块主要分为 4 个井区,各井区圈闭面积在 0.9~4.3km²,闭合幅度 10~120m。渤中 8-4 构造为一个被断层复杂化的断裂半背斜,渤中 8-4 构造具有多个断块、多个高点的特征,走向为 NE 方向,倾向为 SE 方向,目标构造发育在洼中隆起部位。按不同的断块主要分为 12 个井区,各井区圈闭面积在 0.2~7.1km²,闭合幅度 20~250m。

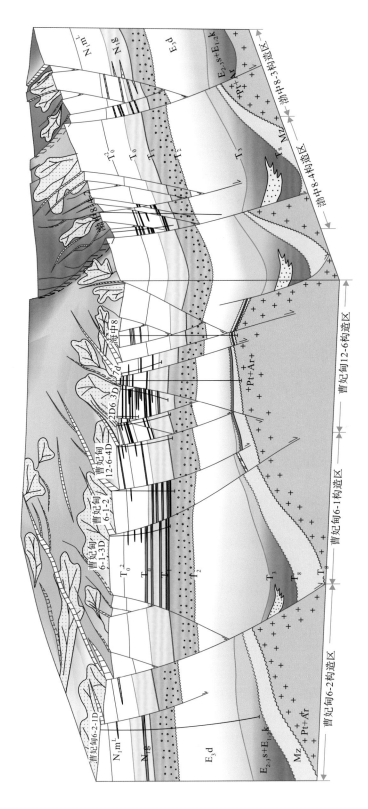

图5-17　渤中西洼汇聚脊控藏油气成藏模式

曹妃甸 12-6/渤中 8-4 油田区明化镇组储层岩性以中、细粒岩屑长石砂岩为主。其中，曹妃甸 12-6 明上段和明下段Ⅰ、Ⅱ油组沉积相为曲流河，平均砂岩含量 45.1%～54.3%，平均单砂层厚度 9.7m，平面属性显示砂体呈"朵叶状"展布；明下段Ⅲ、Ⅳ、Ⅴ油组沉积相为极浅水三角洲，平均砂岩含量 22.8%～23.3%，平均单砂层厚度 5.1m，平面属性显示砂体呈"窄河道"状展布。明化镇组储层物性以高～特高孔、高～特高渗为主，明上段孔隙度 31.7%～36.6%，渗透率 1666.2～4022.8mD，明下段孔隙度 20.9%～37.1%，渗透率 151.5～4549.0mD。渤中 8-4 明化镇组储层主要为极浅水三角洲沉积的细砂岩和粉砂岩，储层具有高孔特高渗的物性特征，测井解释孔隙度Ⅰ～Ⅵ油组平均值为 27.4%～37.4%，渗透率为 749.6～5739.6mD，主力含油层段砂岩百分含量多在 30%左右。曹妃甸 12-6/渤中 8-4 油田区馆陶组储层岩性以中、细粒岩屑长石砂岩为主，主要为辫状河沉积。其中，曹妃甸 12-6 整体储层发育程度较好，砂岩含量 74.8%～87.2%，平面上差别不大。纵向上，Ⅰ、Ⅱ、Ⅲ、Ⅴ油组砂层发育程度较好，平均砂岩含量 71.5%～88.3%，Ⅳ油组为砂泥互层沉积，平均砂岩含量 38.2%～54.1%，为区域稳定分布的低阻油层段，平面分布稳定。馆陶组储层物性以中～高孔、高～特高渗为主，油层段孔隙度 22.6%～32.0%，渗透率 228.2～5544.3mD。渤中 8-4 馆陶组储层主要为辫状河沉积的含砾中粗砂岩，储层具有高孔特高渗的物性特征，测井解释孔隙度Ⅰ～Ⅴ油组平均值为 26.8%～30.3%，渗透率为 2952.3～6458.7mD，主力含油层段砂岩百分含量多在 50%以上，储层发育，横向叠置连片分布。

曹妃甸 12-6/渤中 8-4 油田区纵向上油水间互，存在多套流体系统。其中曹妃甸 12-6 明化镇组油藏类型以岩性-构造油藏为主，油藏埋深 580～1550m(图 5-18)；馆陶组油藏类型以块状构造油藏为主，其次为层状构造油藏，油藏埋深 1440～1842m(图 5-18)。主力层位以中、轻质原油性质为主，整体纵向上流体性质随埋深增加有逐渐变好的趋势。明化镇组地面原油密度 0.880～0.955t/m³，地层原油黏度 5.87～294.00mPa·s，为中-重质原油；馆陶组地面原油密度 0.858～0.965t/m³，地层原油黏度 8.70～97.99mPa·s，为中-重质原油。渤中 8-4 构造明化镇组油藏类型以岩性-构造油藏为主(图 5-19)。明上段、明下段、馆陶组具有不同的流体性质，且地面及地层流体性质与埋深呈较好的关系，表现为随深度增加，流体性质变好。其中，明上段为重质稠油，地面原油密度 0.950～0.952t/m³，具有胶质沥青质含量高、含蜡量中等、含硫量低、凝固点较低等特点，地层原油黏度 266mPa·s，具有高黏度、高密度、地饱压差小、溶解气油比低等特点。明下段为中质常规油，地面原油密度 0.887t/m³，具有胶质沥青质含量中等、含蜡量高、含硫量低、凝固点高等特点，地层原油黏度 21.88～23.10mPa·s，具有低黏度、低密度、地饱压差较小等特点。馆陶组为轻质常规油，地面原油密度 0.853～0.866t/m³，具有黏度低、胶质沥青质含量中等、高含蜡、低含硫、凝固点高等特点，地层原油黏度为 3.00～3.34mPa·s，具有低黏度、低密度、地饱压差大、溶解气油比低等特点。

温压资料显示，曹妃甸 12-6 构造压力系数 1.016，压力梯度为 0.996MPa/100m，温度梯度为 4.37℃/100m，属异常高温和正常压力系统；渤中 8-4 构造压力系数为 0.993，压力梯度为 0.964MPa/100m，温度梯度为 3.60℃/100m，属正常压力和温度系统。

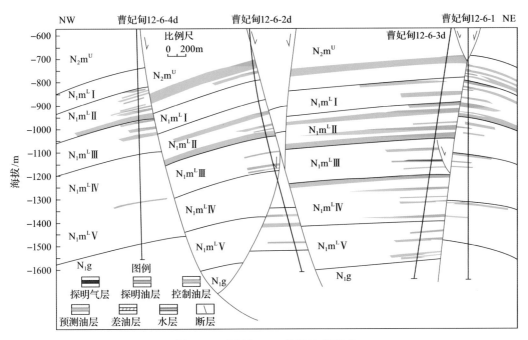

图 5-18 曹妃甸 12-6 构造油藏模式

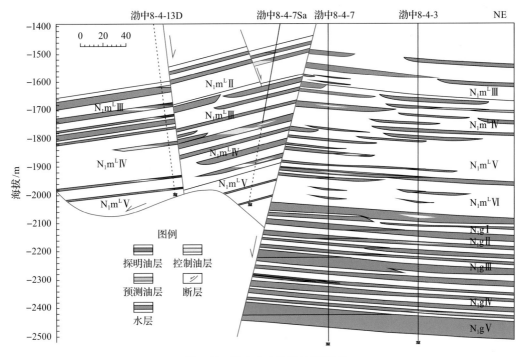

图 5-19 渤中 8-4 构造油藏模式

5.4 黄河口凹陷渤中 25-1 南油田

渤中 25-1 南油田位于渤海湾盆地渤海海域南部,北邻渤中凹陷,西南部为沾化凹陷,东南邻黄河口凹陷,东部为渤南低凸起,西部为埕北低凸起倾末端(图 5-20)。渤中 25-1 南油田区新生代由老至新依次发育古近系孔店组、沙河街组、东营组、新近系馆陶组、明化镇组及第四系平原组。渤中 25-1 构造区被近 EW 向南倾的黄河口 1 号断层分割成渤中 25-1 及渤中 25-1 南两油田。其中渤中 25-1 油田主要含油层系为古近系沙河街组,属于自生自储型油气藏。渤中 25-1S 油田主要含油层位为新近系明化镇组,属于下生上储的它源型油气藏。

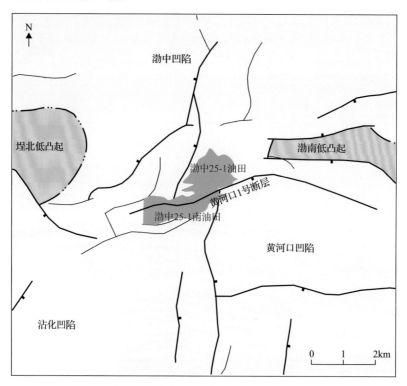

图 5-20 渤中 25-1 南油田区域位置图

5.4.1 勘探历程

自 20 世纪 90 年代后期至今,渤中 25-1 南油田的勘探经历了五个阶段,分别为:

1. 区域勘探阶段(1980~1998 年)

油田所在区域经历了漫长的勘探历程,早在 1968~1975 年,该区进行了 1∶20 万的海洋重磁力普查测量。地震工作始于 1978 年,1980~1984 年是该地区的合作勘探时期,1981 年进行了测网密度为 0.5×0.5km 的构造精查。在此基础上,以古近系沙河街组为主要目的层，在断层北侧渤中 25-1 构造先后钻了 4 口探井，其中渤中 25-1-1 井、渤中 25-1-2 井、渤中 25-1-4 井测试日产油量 100～300m³，渤中 25-1-3 井获得低产油流。因受地震资料、处理解释手段等的限制，认为该构造油层厚度横向变化较大，油层埋藏较深(3300～3600m)，多轮评价均认为属于边际油藏而终止了钻探(邓云华等，2007)。但该区的地质综合研究工作并未停止。之后，技术人员针对该区深层进行了大量的钻井资料、构造、地层和油藏特征等研究，但主要的研究目的层仅限于沙河街组。

2. 油田发现阶段(1998～1999 年)

受渤海大量明下段油气田(如秦皇岛 32-6 油田、歧口 17-2 油田、南堡 35-2 油田)发现的启发，在渤南凸起西倾没端以明下段、馆陶组、沙河街组为主要目的层部署了渤中 25-1-5 井。渤中 25-1-5 井在明下段、馆陶组、东营组及沙河街组皆见到油气显示；测井解释明下段油层 3 层共计 17.8m，沙二段油层 3 层厚 14.3m，沙三段油层 54 层厚 102m；DST 测试，在明下段、沙二段获得高产油气流，沙三段获得低产油气流。该井的钻探成功，尤其是明化镇组下段油层的发现，实现了渤南地区，乃至渤海海域浅层勘探的新突破，标志着渤中 25-1 南油田的发现。

3. 探明储量评价及开发可行性研究阶段(1999～2002 年)

为了进一步落实该构造的构造形态、圈闭规模和油气分布规律，为开发提供可靠的地质依据，于 1999 年部署了 350km² 的高分辨率三维地震采集工作。针对该区地质情况的认识，以明下段为主要目的层，先后部署钻探了渤中 25-1-6～渤中 25-1-15 10 口评价井，获取了储量评价所必需的、储量规范所要求的钻井取心、测试、分析化验等基础资料；应用了较为先进、实用的油藏描述方法和技术，进行了系统的油藏描述和地质综合研究，查明了油藏类型、油水分布规律(池英柳，2001)，基本控制了含油面积，获取了基本可靠的储量计算参数和储量成果，为油田开发可行性研究奠定了扎实的基础。

4. 油田 ODP 编制、实施和开发井随钻跟踪阶段(2002～2006 年)

2002 年 10 月，初步完成渤中 25-1/25-1 南油田总体开发方案。2003 年 3 月，在 ODP 油藏方案上又做了增加水平分支井的优化方案。渤中 25-1 南油田 ODP 优化方案共分五座(B、C、D、E、F)平台两期投入开发。以全面动用储量品质较好的探明储量为开发原则，定向井加水平分支井联合开发，采用正规反九点井网、400m 井距、一套层系进行注水开发，设计总井数 151 口。

2003 年 5 月至 2006 年 4 月，实施 ODP(优化)开发方案。开发方案实施以来，通过各种新思路、新技术、新方法的应用，结合各专题项目的研究，深化了渤中 25-1 南油田地质油藏模式的认识。通过大量的钻前及随钻井位调整，使得钻后实际平均单井油层厚度达到 20.8m，超过了 ODP 方案预测平均单井油层厚度 10.1m，最终完成了该油田 140 口(包括以明化镇为目的层的开发井 135 口,以沙河街为目的层的开发井 5 口)开发井的随钻工作。

5. 油田生产阶段(2006 年至今)

ODP(优化)方案实施后,从 2004 年 8 月至 2006 年 8 月,开发井陆续全面投产。鉴于油田钻后认识的变化,在汇聚脊模式指导下,对油田开展了新一轮的精细研究,寻找潜力区以部署调整井、完善注采井网,提高油田整体开发效果。从调整井研究至今,已实施完成 20 口调整井。

5.4.2 汇聚脊特征

对于靠近凸起发育的地堑或者半地堑,陡坡带常沿凸起成裙带状发育,且陡坡带下可容纳空间大,是砂体卸载、富砂沉积体系分布的重要区域,储层十分发育,距离沉降中心、生烃凹陷较近,深大断裂发育,油源充注条件优越,其综合成藏条件优越(薛永安,2018)。其中,渤中 25-1 油田是具有代表性的陡坡砂体型汇聚脊,目前所钻遇的地层自下而上有始新统—渐新统沙河街组、渐新统东营组、早中新统馆陶组、中新统明化镇组和第四系。一条 NE 走向的南倾断层把渤中 25-1 构造分成南北两部分,通过对该断层的活动性分析,认为其古始新世活动强度较大,属于新生界规模较大的二级主干断裂。受断层分割,断层两侧分别于深层、浅层富集油气,其中沙河街组油层主要分布在断层北部(断层下盘),明化镇组油层主要分布在南部(断层上盘)(图 5-21)。油藏包裹体丰度(GOI)统计结果表明,位于构造北部的渤中 25-1-3 井和构造南部的渤

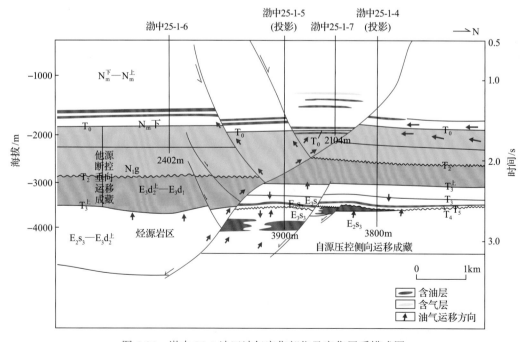

图 5-21　渤中 25-1 油田油气富集部位及富集层系模式图

中 25-1-5 井 GOI 值均较高。渤中 25-1-3 钻遇的 3450～3600m 为致密油层，3600m 左右为现今油水界面，但在 3600m 以下砂岩中有机包裹体丰度仍极高，GOI 值约 70%～80%，且以成熟的早期包裹体为主。渤中 25-1-5 井表现出相似的特征，说明了沙三段砂体汇聚脊内存在古油藏，且由于构造活动，油气向浅部调整，导致古油水界面上移，因此，深层砂体汇聚脊的存在对深、浅层油气聚集成藏具有控制作用。

烃源岩品质及其生烃强度是砂体汇聚脊汇聚油气的重要前提。相比其他烃源岩，渤中 25-1 地区暗色泥岩的沙三段最为发育，有机质丰度(TOC)介于 1.28%～2.67%，平均值为 2.15%，为"好"类型的烃源岩，有机质类型为 II_1，镜质体反射率介于 0.5%～1.0%，处于成熟-高成熟阶段，生烃门限约为 3280m，生油和排烃高峰约为 3310m，生烃强度约为 35870kg/m^2。供烃量充足的沙三段优质烃源岩为汇聚脊内聚集成藏提供了充足的物质基础。此外，油源对比表明，深层沙三段油藏原油主要来自沙三段烃源岩，浅层明化镇组油藏为沙三段与沙一段烃源岩混合来源，且以沙三段油源为主。渤中 25-1-5 井的深浅层的原油地球化学特征显示沙三段原油富含 C_{30}4-甲基甾烷，且 C_{29} 重排甾烷和 C_{30} 重排藿烷含量高，伽马蜡烷含量较低，与沙三段烃源岩特征一致。不同于沙三段烃源岩，沙一段烃源岩伽马蜡烷含量高。浅层明化镇组原油由于遭受生物降解作用，正构烷烃分布不完整，藿烷系列中普遍含 25-降藿烷，伽马蜡烷含量较高，甾烷系列中 C_{29} 重排甾烷含量较高，C_{29} 重排甾烷/C_{27}(20R)甾烷比值为 0.62～1.55，C_{30}4-甲基甾烷含量中等，该特征与沙一段和沙三段源岩有一定的相似性，因此指示了沙一段和沙三段的混合来源。

在油源供应充足的条件下，汇聚脊的输导能力及汇聚脊的储集空间规模则对油气富集具有控制作用。渤中 25-1 沙三段砂体汇聚脊是在强烈构造活动及剥蚀作用下，稳定、充足的物源在重力作用下沿断层滑塌形成块体砂并搬运进入深水区，自西南向东北方向沿同生断层间谷道向前推进砂体，形成近岸水下扇体，最后尖灭在深湖暗色泥岩中，沙三段烃源岩生成的油气在温压作用下，向源内砂体汇聚脊运移并聚集(图 5-22)。

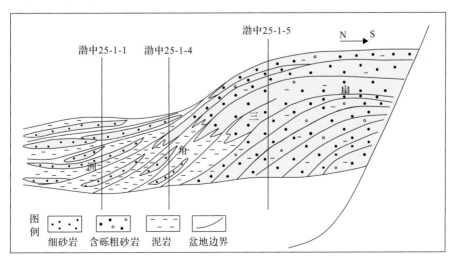

图 5-22 渤中 25-1 油田 NE—SW 向沙三段沉积相演化模式剖面图

渤中 25-1-5 井位于砂体扇根处,汇聚脊砂体厚度为 113m,油层厚度为 116.1m。位于扇中的渤中 25-1-4 汇聚脊砂体厚度为 63.5m,油层厚度为 53.2m。渤中 25-1-1 井位于扇缘处,汇聚脊砂体厚度为 26m,油层厚度为 38.8m。位于汇聚脊含扇根、扇中的含油性明显好于扇缘处。平面上来看,沙三段汇聚脊砂体最大含砂率为 40%左右,由扇根向扇缘处依次减小(图 5-23),汇聚脊砂体平面展布面积约为 $1.50 \times 10^8 km^2$,即前文所说的源-脊接触面积(表 5-5)。沙三段孔隙度分布范围介于 1.06%~16.78%,平均值为 9.70%,渗透率范围介于 $0.0003 \times 10^{-3} \sim 152.83 \times 10^{-3} \mu m^2$,平均值为 $1.72 \times 10^{-3} \mu m^2$。

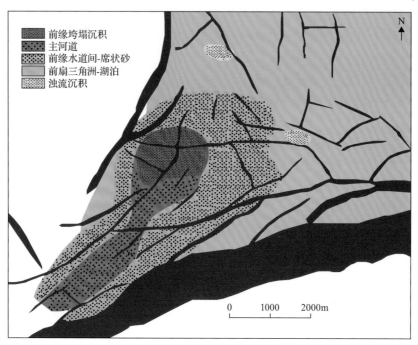

图 5-23 渤中 25-1 油田沙三段沉积微相及含砂率分布平面图

表 5-5 渤中 25-1 汇聚脊特征表

项目		数值
汇烃特征	生烃强度/(kg/m²)	35870
	源-脊接触面积/km²	150
聚烃特征	砂体厚度/m	122
	砂体孔隙度/%	14.3
	砂体面积/km²	150
输导特征	倾角/(°)	3.87

渤中 25-1 地区断层发育,分割渤中 25-1 构造的断层是长期继承性活动的基底大断层,该断层是油源断层,活动时期长,切割层位多,断距大,是沙三段油气垂向运移至明化镇组成藏的主要输导通道。

5.4.3 油藏特征

渤中 25-1 南油田主要含油层系为新近系明化镇组下段，油气藏埋深主要在 1650～1850m，馆陶组仅在构造高部位局部井区钻遇油层。受断层切割、构造部位和砂体边界等因素的影响，油藏类型主要为岩性油藏、岩性构造油藏、构造岩性油藏(图 5-24)。根据沉积旋回、砂岩发育特征、岩性和电性组合特征将明下段划分为六个油层组，从上至下为 Ⅰ、Ⅱ、Ⅲ、Ⅳ、Ⅴ、Ⅵ油组。其中，Ⅰ～Ⅲ、Ⅵ油组大多数含油砂体受岩性控制，以岩性油藏为主，Ⅳ、Ⅴ油组大多数含油砂体受岩性、构造双重控制，以弱边水驱动的岩性构造油藏或构造-岩性油藏为主。

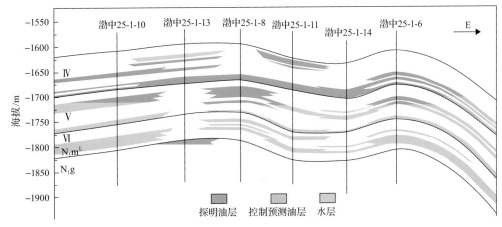

图 5-24 渤中 25-1 南油藏模式

渤中 25-1 南构造位于渤中 25-1 构造南界大断层下降盘，是一个被 SW—NE 向断层和东西向断层分割的明下段断裂背斜。该断裂背斜由北、中、南 3 个断块构成，其中北块包括两个高点，一个是渤中 25-1-7 井钻遇的 1 号高点，一个是渤中 25-1-9 井钻遇的 2 号高点；中块控制井是渤中 25-1-5 井；南块包括 3 个高点，从西到东依次被渤中 25-1-10、渤中 25-1-8 和渤中 25-1-6 井钻遇。

渤中 25-1 南油田明下段为浅水三角洲沉积。油田范围内，主要发育浅水三角洲平原和浅水三角洲前缘两个亚相。储层岩石类型为岩屑长石砂岩。岩石碎屑以长石为主，含量占 20.0%～52.0%；石英次之，一般为 25.0%～53.0%。含有少量岩屑，含量占 6.0%～23.0%。岩石具细粒结构，粒度中值分布 0.009～0.25mm，平均为 0.14mm。颗粒分选好～中等，矿物颗粒多呈次棱角～次圆状。风化度浅～中等。成分成熟度指数分布范围为 0.39～1.22，平均为 0.61。分析结果认为，该区储层成分成熟度中等偏高，结构成熟度较高。储层胶结物含量较低，一般分布在 0.5%～18%，平均为 3%。胶结物成分以泥质为主(颗粒<0.01mm)，含少量碳酸盐岩及自生黏土矿物和黄铁矿物，黏土矿物以高岭石为主，占 34.5%，其次是蒙脱石，占 26.2%。伊蒙混层占 16.9%，伊利石占 15.8%，绿泥石占 6.5%。碳酸盐岩含量最大为 17%，最小为 0，平均 0.5%。胶结类型为孔隙-接触式，颗粒间接触关系以线-点接触为主。根据评价井和开发井 459 块岩心样品常规物性分析统

计,孔隙度变化范围为 18%~40%,平均 33%,75%的样品孔隙度大于 32%,属于高孔。评价井和开发井 420 块岩心样品常规物性分析统计,渗透率分布范围为 1~7000mD,其中 78%以上的样品大于 500mD,平均 1962mD,属于高渗到特高渗。储层毛管压力曲线以排驱压力和饱和度中值压力低、孔喉分选好、歪度偏粗为特征,孔喉连通性较好。

渤中 25-1 南油田地面原油具有密度高、黏度大、胶质沥青质含量中等、含蜡量低、凝固点低等特点,属常规稠油。渤中 25-1 南油田 20℃条件下,地面脱气原油密度为 0.918~0.966g/cm³,平均为 0.950g/cm³。50℃条件下,地面脱气原油黏度在 48.28~934.8mPa·s,平均 478mPa·s。含蜡量较低,介于 1.3%~11.51%,平均约为 4.15%。凝固点低,介于–36~+14℃,平均为–8.8℃。含硫量在 0.185%~0.306%,平均约为 0.287%。胶质沥青含量中等,介于 10.08%~28.75%,平均约为 18.3%。在平面上,渤中 25-1 南油田地面原油性质存在一定的差异,5、7 井区要好于 6、8 井区,5、7 井区平均地面脱气原油密度为 0.945g/cm³,6、8 井区 C 平台南侧,D、E 平台单井平均地面脱气原油密度分别为 0.953g/cm³,F 平台单井平均地面脱气原油密度为 0.958g/cm³。明化镇组天然气多以溶解气的形式出现,甲烷含量平均 97%,乙烷含量平均 0.32%,氮气含量平均 0.28%,二氧化碳含量平均 0.26%。在渤中 25-1-6、7、9 井 I ~ III 油层组及其以上地层钻遇薄层气顶气,甲烷含量平均 98.5%,乙烷含量平均 0.39%,氮气含量平均 0.65%,二氧化碳含量平均 0.19%。地层水水型均为碳酸氢钠型($NaHCO_3$),总矿化度为 1630~8618mg/L,平均为 4881mg/L,pH 在 6~8.93,平均值为 7.54。

根据 MDT 测压和 DST 测试资料,研究了渤中 25-1 南油田的压力系统和温度系统。该油田明下段油藏为正常的温度、压力系统,压力梯度为 0.98MPa/100m,地温梯度为 2.37℃/100m,油藏压力在 16MPa 左右,油藏温度在 60~75℃。

5.5 莱北低凸起垦利 6-1 油田

垦利 6-1 油田位于渤海南部海域莱北低凸起北部断阶带和凸起区,夹持于黄河口凹陷和莱州湾凹陷两个富烃凹陷之间,EW 向被郯庐断裂带夹持,整体呈 NE 向狭长的菱形,且构造主体受一系列近 NE—SW 向继承性发育的大断层控制,发育一系列的断鼻、断块圈闭。构造区紧邻黄河口富生烃凹陷,油源充足,具有优越的成藏背景(图 5-25)。

5.5.1 勘探历程

渤海南部海域的油气勘探始于 20 世纪 60 年代,自 1982 年起先后进行了多轮地震资料的采集、处理及解释工作,该区于 2000~2008 年相继采集了渤中 34、渤中 29-4、垦利 10-1 三维地震资料,2010~2011 年对 3 个地震资料进行连片处理,并在莱北连片处理资料的基础上开展精细构造解释和圈闭落实工作,在此基础上于 2017 在 4-1 区块构造高部位部署钻探了垦利 4-1-1d 井,该井在明化镇组下段解释油层 15.4m,馆陶组解释油层 7.6m,类比周边油田,具有一定的商业性,从而发现了垦利 6-1 油田。垦利 6-1 油田勘探评价可分为三个阶段。

图 5-25　莱北低凸起垦利 6-1 油田区域位置

1. 油田预探阶段(2000～2016 年)

为探索垦利 6-1 构造的含油气性,2007 年 9 月,在构造高部位钻探垦利 6-1-1d 井。该井完钻井深 2515.0m,完钻层位中生界,在明化镇组下段钻遇气层 17.8m,油层 6.1m。为落实明化镇组下段产能,分别进行了 2 次测试。其中 DST1 日产油 47.2m^3、DST2 测试井段日产气 293596m^3。

该井的钻探,表明该区具有一定的油气成藏潜力,因钻遇油气层以薄层为主,储量规模较小,勘探进度暂时搁置。

2. 油田发现阶段(2017 年)

2015 年渤中 34-9 油田评价成功,证实了莱北低凸起西北斜坡带的成藏潜力。在汇聚脊模式指导下,2016 年,利用 2010～2011 年莱北连片处理三维地震资料,对莱北低凸起西段汇聚脊进行了系统研究,认为 4-1 区块汇聚脊发育,成藏条件优越。为证实其含油性,2017 年 4 月钻探了垦利 4-1-1d 井,该井完钻井深 3040.0m,完钻层位沙三段,在明化镇组下段钻遇油层 15.4m,馆陶组钻遇油层 5.6m。在明化镇组下段和馆陶组的主力油层取得油样,通过与渤中 34-9 油田相同层位的沉积特征、储层、物性和流体等特征进行类比,认为该井具有与渤中 34-9 油田类似的产能,从而发现了垦利 6-1 油田。

3. 全面评价阶段(2018～2019 年)

垦利 4-1-1d 井的钻探,明确了该区成藏主要层位为新近系明化镇组下段。利用大连片三维地震资料,对明化镇组下段河道砂体开展精细描述工作,在 4-1、5-1、5-2 和 6-1 区块发现了一批有利砂体,并对垦利 6-1 构造展开全面评价。

4-1 区块共钻井 7 口,除垦利 4-1-1d 井外,其余 6 口井(垦利 4-1-2、垦利 4-1-3、垦利 4-1-4d、垦利 4-1-5d、垦利 4-1-6 和垦利 6-1-4 完钻层位均在馆陶组。垦利 4-1-2 井和垦利 4-1-4d 井在明化镇组下段分别钻遇 8.8m 气层、10.8m 油层和 12.1m 气层、8.4m 油层。在馆陶组分别钻遇 4.6m 气层、9.4m 油层和 1.7m 油层。垦利 4-1-3 井在馆陶组钻遇 2.2m 油层,垦利 4-1-5d 井在明化镇组下段钻遇 2.9m 气层,垦利 4-1-6 井未钻遇油气层,垦利 6-1-4 井钻遇 3.3m 油层。

5-1 区块共钻井 2 口,垦利 5-1-1d 井和垦利 5-1-2d 井。完钻层位分别是馆陶组和明化镇组下段。垦利 5-1-1d 井在明化镇组下段下部钻遇 8.6m 气层和 15.6m 油层,在馆陶组钻遇 2.3m 油层,垦利 5-1-2d 井在明化镇组下段下部钻遇 11.9m 油层。

5-2 区块共钻井 3 口,垦利 5-2-1 井和垦利 5-2-1Sa 井分别在明化镇组下段钻遇 7.2m 和 13.5m 油层,垦利 5-2-2d 井在明化镇组下段钻遇气层 2.9m、油层 5.0m,在馆陶组钻遇气层 4.0m、油层 5.0m。

6-1 区块共钻井 13 口,该区块的油气层纵向分布比较集中,13 口井的油气发现均分布在层位相当的明化镇组下段的下部,钻遇油气层厚度在 3.3～20.0m,垦利 6-1-2、垦利 6-1-2Sa、垦利 6-1-3、垦利 6-1-3Sa、垦利 6-1-5、垦利 6-1-5Sb 和垦利 6-1-6 井钻遇油层厚度都在 10.0m 以上,分别为 10.8m、14.2m、20.0m、14.6m、12.1m、16.0m 和 13.5m。垦利 6-1-4、垦利 6-1-5Sa 和垦利 6-1-6Sa 分别钻遇油层 3.3m、6.7m 和 7.0m。垦利 6-1-9d 和垦利 6-1-9dSa 分别钻遇油层 10.7m 和 1.3m、气层 0.8m 和 1.3m。为了进一步落实主力区块 6-1 区块明化镇组下段的产能,垦利 6-1-3 井在明化镇组下段进行了测试,日产油 187.28m³、日产气 3033m³。

截至目前,垦利 6-1 油田共完钻 25 口井。根据钻井揭示,主要含油层位为明化镇组下段,其次为馆陶组。受成藏模式的控制及构造位置等因素的影响,油气富集程度在平面上存在一定差异,4-1 区块明化镇组下段和馆陶组均有油气层发现,北部凸起的 6-1 区块,油层集中分布在明化镇组下段。

5.5.2 汇聚脊特征

垦利 6-1 油田的发现是典型以汇聚脊模式指导下的成功案例。前已述及,斜坡带由于汇聚脊不发育,其浅层难以形成油气聚集。莱北低凸起虽然为低凸起,但与其他凸起相比差异明显。整体表现为斜坡,没有明显的四面下倾凸起高点,故也没有典型的披覆构造。该区经历多轮次的钻探,历时 40 年,没有好的油气发现。近年来在汇聚脊模式指导下,利用新的三维地震技术,精细描述该凸起特征,发现在整体斜坡的大背景下，存在一个 NE—SW 走向的"隐伏汇聚脊"，有两个高点，分别位于垦利 10-1 北块及垦利 6-1 块，中间鞍部隔开。

与其他类型汇聚脊相比，隐伏型汇聚脊典型特征是幅度小，但较为宽缓。三维地震资料难以描述，其空间形态需三维立体显示精细描述(图 5-26)。

图 5-26 莱北低凸起两大汇聚脊发育特征

莱北低凸起紧邻黄河口凹陷，黄河口凹陷烃源岩以沙三段烃源岩为主，有机质丰度高，有机质类型好(以 II$_1$～II$_2$ 型为主)，且成熟度较高，现今沙三段、沙一——二段烃源岩均处于生油高峰期(图 5-27)，为斜坡区供烃提供了充足的油源保障。同时，莱北低凸起以斜坡方式向黄河口凹陷过渡，不整合与有效烃源岩大范围接触，成熟烃源岩排出的油气可以直接排入不整合。莱北低凸起不整合半风化岩石渗透率介于 0.69～1.0mD，具有较好的横向输导能力。使得源岩排出的油气可以沿不整合向凸起高部位方向优势运移，最终横向输导至侧向运移的终止点。经高精度三维地震解释发现，垦利 6-1 油田所处的位置虽然整体位于斜坡带之上，但发育局部古隆起构造(图 5-26)，古隆起的存在使得此处成为深层油气侧向运移的终止点，因此油气优选汇聚于此。古隆起汇聚脊的面积可达到约 120km^2，不整合半风化岩石厚度 93.8～97.8m，孔隙度中值 17.2%～19.0%，汇聚脊聚集空间规模较大，为深层油气的汇聚提供了足够的聚集空间(表 5-6)。而后经贯穿局部古隆起的次级断层再活动输导至浅层明化镇组厚层砂岩(V 油组)内聚集。截至目前，莱北低凸起共获三级石油地质储量 11810.38×10^{4}t，其中探明石油地质储量 5730.09×10⁴t。正是在这种汇聚脊控藏理论的指导下，莱北低凸起打破了 40 年的勘探沉寂，终获大中型油气田发现，地质储量规模达到亿吨级，并可以有效指导斜坡带领域的油气勘探。

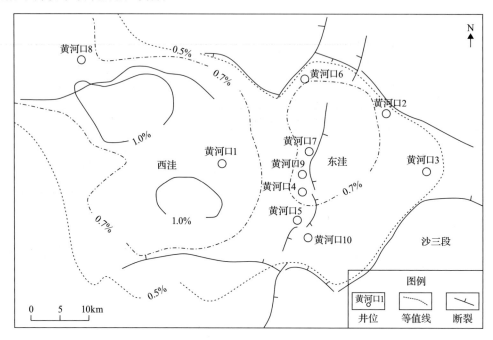

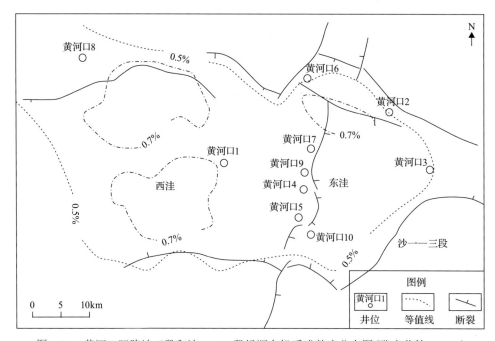

图 5-27　黄河口凹陷沙三段和沙———二段烃源有机质成熟度分布图(孔庆莹等，2009)

表 5-6　垦利 6-1 汇聚脊特征表

项目		参数
汇烃特征	生烃强度/(kg/m²)	5500
	与烃源岩接触面积/km²	229
聚烃特征	岩性	火山岩
	地层	中生界
	不整合厚度/m	98
	不整合孔隙度/%	12.2
	汇聚脊面积/km²	123
输导特征	不整合渗透率/mD	1.1
	倾角/(°)	8.3
	距离/km	2.7

5.5.3　油藏特征

垦利 6-1 油田具有油藏埋深浅，储量纵向分布集中、层位低、含油面积大、测试产能高的特点，是一个整装、优质的大型岩性油田。该油田油气藏埋藏深度 1210～1530m，油层分布集中，油层厚度不大，新近系含油层段分布在明下段和馆陶组。其中，主要含油层段为明下段Ⅳ～Ⅴ油组，主力油层埋藏深度为 1200～1550m，油层厚度 5～13.6m，平均厚度 8.2m，单个油藏探明最大含油面积近 30km²。

垦利 6-1 油田包含处于莱北低凸起北部断阶带的 4-1 和位于凸起区的 10-1N、5-1、5-2、6-1 共 5 个区块。其中 4-1、10-1N 区块为受东西向伸展断层控制形成的断块构造，5-1、5-2 区块为受 NE 向伸展断层控制形成的断块构造，6-1 区块为 EW 向、NE 向伸展断层共同控制形成的断块构造。

明化镇组下段Ⅰ～Ⅲ油组主要为曲流河沉积，Ⅳ～Ⅴ油组主要为浅水三角洲沉积。垦利 6-1 油田油气层主要分布在Ⅳ～Ⅴ油组，浅水三角洲沉积进一步可划分为浅水三角洲平原和浅水三角洲前缘亚相。储层岩性以中-细粒岩屑长石砂岩为主，矿物成分主要为石英、长石、岩屑，石英含量 25.0%～53.0%，平均 36.0%。长石含量 22.0%～51.0%，平均 41.1%。岩屑含量 8.0%～45.0%，平均 22.9%。碎屑颗粒分选中等～好，磨圆度次棱～次圆状。孔隙类型以原生粒间孔为主，孔隙发育好，分布均匀，连通性好，粒间充填物为丝片状伊蒙混层。颗粒间以点接触为主，长石风化中等。黏土矿物以伊/蒙混层为主，平均含量 74.6%，其次是伊利石、高岭石和绿泥石。储层壁心分析孔隙度 17.0%～38.4%，中值 28.5%，平均值 28.4%。明化镇组下段储层测井解释孔隙度 17.0%～39.6%，孔隙度中值 28.4%，平均值 28.1%。渗透率 6.0～14662.7mD，渗透率中值为 402.2mD，平均值 922.1mD，以高孔、中-高渗储层为主。馆陶组为辫状河沉积。储层岩性以粗-中粒岩屑长石砂岩为主，矿物成分主要为石英、长石、岩屑，石英含量 20.0%～43.0%，平均 34.2%。长石含量 27.0%～48.0%，平均 41.4%。岩屑含量 13.0%～75.0%，

平均29.4%。分选中等～好，磨圆度次棱～次圆状。馆陶组储层孔隙发育，分布均匀，
连通性好，主要为原生粒间孔，粒间充填物以丝片状伊/蒙混层为主，接触类型主要为
点-线接触为主。土矿物以伊/蒙混层为主，平均含量59.9%，其次为高岭石、伊利石和
绿泥石。岩心分析孔隙度18.5%～38.3%，中值28.5%，平均值28.9%。馆陶组储层测
井解释孔隙度主要分布在17.0%～38.2%，孔隙度中值为24.9%，平均值25.5%；渗透
率主要分布在6.3～9353.3mD，渗透率中值为147.0mD，平均值693.9mD，以中-高孔、
中-高渗储层为主。

　　垦利6-1油田纵向上油水间互，存在多套流体系统，油气藏埋深1078.3～1702.2m，
明化镇组下段油气藏类型为岩性-构造油藏和岩性油藏，馆陶组油藏类型为构造油藏
（图5-28）。垦利6-1油田明化镇组下段流体性质为中-重质原油，地面原油密度0.906～
0.939t/m³，地面原油黏度43.36～113.80mPa·s，地层原油黏度26.10～29.80mPa·s，体
积系数1.075～1.080，具有含硫量低、含蜡量中偏高、胶质沥青质含量中等等特点。馆
陶组流体性质为中质油，地面原油密度0.891t/m³，地面原油黏度15.76mPa·s，具有低
含硫、含蜡量中偏高、胶质沥青质含量中等等特点。溶解气中甲烷含量96.14%，乙烷
以上烃类含量3.01%，氮气含量0.74%，二氧化碳含量0.13%，相对密度为0.585，现
场未检测到硫化氢。

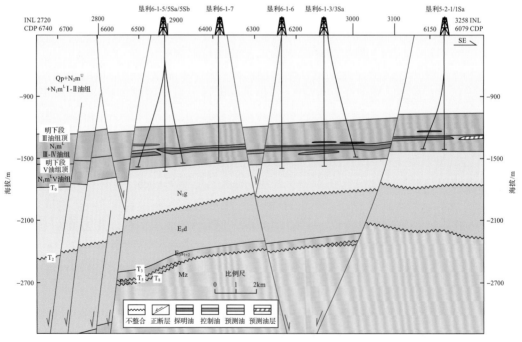

图5-28　垦利6-1油藏模式

　　测试和测压资料显示，垦利6-1油田地层温度50.0～72.7℃，温度梯度3.56℃/100m，
原始地层压力10.740～16.872MPa，压力系数1.02，压力梯度0.916MPa/100m，属正常
温度和正常压力系统油藏。

参 考 文 献

池英柳. 2001. 渤海新生代含油气系统基本特征与油气分布规律. 中国海上油气(地质), 15(1): 3-10.

池英柳, 赵文智. 2000. 渤海湾盆地新生代走滑构造与油气聚集. 石油学报, 21(2): 14-20.

邓运华. 2005. 断裂砂体形成油气运移的"中转站"模式. 中国石油勘探, 10(6): 14-17.

邓运华. 2012. 裂谷盆地油气运移"中转站"模式的实践效果——以渤海油区第三系为例. 石油学报, (1): 22-28.

邓运华. 2014. 试论汇油面积对油田规模的控制作用. 中国海上油气, 26(6): 1-6.

邓运华, 李秀芬. 2001. 蓬莱 19-3 油田的地质特征及启示. 中国石油勘探, 6(1): 68-71.

邓运华, 李建平. 2007. 渤中 25-1 油田勘探评价过程中地质认识的突破. 石油勘探与开发, (06): 646-652.

付广, 李鑫, 刘峻桥. 2014. 南堡凹陷中浅层油源断裂与其他成藏要素的空间配置及控藏作用. 山东科技大学学报(自然科学版), 033(1): 1-8.

付晓飞, 贾茹, 王海学, 等. 2015. 断层-盖层封闭性定量评价——以塔里木盆地库车坳陷大北-克拉苏构造带为例. 石油勘探与开发, 42(3): 300-309.

龚再升, 王国纯. 2001. 渤海新构造运动控制晚期油气成藏. 石油学报, 22(2): 1-7, 119.

郭太现, 刘春成, 吕洪志, 等. 2001. 蓬莱 19-3 油田地质特征. 石油勘探与开发, 28(2): 26-28.

侯贵廷, 钱祥麟, 蔡东升. 2001. 渤海湾盆地中、新生代构造演化研究. 北京大学学报: 自然科学版, 37(6): 845-851.

华保钦. 1995. 构造应力场、地震泵和油气运移. 沉积学报, 13(2): 77-85.

黄正吉, 李友川. 2002. 渤海湾盆地渤中坳陷东营组烃源岩的烃源前景. 中国海上油气·地质, (2): 47-53.

江涛, 官大勇, 李慧勇, 等. 2019. 石臼坨凸起边界断层成藏期差异活动与成藏. 特种油气藏, 26(2): 28-33.

姜福杰, 庞雄奇, 姜振学, 等. 2010. 渤海海域沙三段烃源岩评价及排烃特征. 石油学报, 31(6): 906-912.

蒋有录, 刘景东, 李晓燕, 等. 2011. 根据构造脊和地球化学指标研究油气运移路径: 以东濮凹陷濮卫地区为例. 中国地质大学学报, 36(1): 521-529.

蒋有录, 叶涛, 张善文, 等. 2015. 渤海湾盆地潜山油气富集特征与主控因素. 中国石油大学学报(自然科学版), 39(3): 20-29.

蒋有录, 胡洪瑾, 谈玉明, 等. 2017. 东濮凹陷北部地区古近系油型气成因类型及分布特征. 中国石油大学学报(自然科学版), 41(3): 42-48.

蒋有录, 路允乾, 赵贤正, 等. 2020. 渤海湾盆地冀中坳陷潜山油气成藏模式及充注能力定量评价. 地球科学, 45(1): 226-237.

孔庆莹, 邹华耀, 胡艳飞, 等. 2009. 黄河口凹陷古近系烃源岩的地球化学特征. 西安石油大学学报(自然科学版), 24(2): 5-8.

李慧勇, 周心怀, 王粤川, 等. 2013. 石臼坨凸起中段东斜坡明化镇组"脊、圈、砂"控藏作用. 东北石油大学学报, 37(6): 75-81.

李佳伟, 王冠民, 张宝. 2019. 渤中凹陷石南陡坡带断层活动对古近系砂砾岩扇体规模的定量控制. 甘肃科学学报, 31(5): 113-123.

李军生, 庞雄奇, 崔立叶, 等. 2010. 烃源条件对古潜山油气藏形成的控制作用——以辽河断陷大民屯凹陷太古宇古潜山为例. 特种油气藏, 17(6): 18-21.

李丕龙, 庞雄奇, 陈冬霞, 等. 2004. 济阳坳陷砂岩透镜体油藏成因机理与模式. 中国科学, 2004, 34(增刊Ⅰ): 143-151.

李欣, 李建忠, 杨涛, 等. 2013. 渤海湾盆地油气勘探现状与勘探方向. 新疆石油地质, 34(2): 140-144.

刘惠民. 2009. 济阳坳陷临南洼陷油气运聚方向与分布规律. 现代地质, 23(5): 894-901.

刘庆顺, 杨波, 杨海风, 等. 2017. 储层定量荧光技术在渤海油田油层判别及油气充注过程分析中的应用. 中国海上油气, 29(2): 27-35.

柳广弟. 1999. 石油地质学. 北京: 石油工业出版社.

柳广弟, 赵文智, 胡素云, 等. 2003. 油气运聚单元石油运聚系数的预测模型. 石油勘探与开发, 30(5): 53-55.

吕延防, 付广, 姜振学, 等. 1997. 延吉盆地东部坳陷油气运聚模式. 天然气工业, 17(2): 1-5.

罗晓容, 雷裕红, 张立宽, 等. 2012. 油气运移输导层研究及量化表征方法. 石油学报, (3): 428-436.

毛治国, 崔景伟, 綦宗金, 等. 2018. 风化壳储层分类、特征及油气勘探方向. 岩性油气藏, 30(2): 12-22.

孟卫工, 庞雄奇, 李晓光, 等. 2016. 辽河拗陷油气藏形成与分布. 北京: 地质出版社.

彭靖淞, 徐长贵, 韦阿娟, 等. 2016. 渤海湾盆地辽中南洼压力封存箱的破裂与油气运移. 石油勘探与开发, 43(3): 386-395.

彭文绪, 孙和风, 张如才, 等. 2009. 渤海海域黄河口凹陷近源晚期优势成藏模式. 石油与天然气地质, 30(4): 510-518.

裘亦楠. 1991. 储层地质模型. 石油学报, 12(4): 55-62.

宋国奇, 宁方兴, 郝雪峰, 等. 2012. 骨架砂体输导能力量化评价——以东营凹陷南斜坡东段为例. 油气地质与采收率, 19(01): 4-6, 10, 111.

孙永河, 付晓飞, 吕延防, 等. 2007. 地震泵抽吸作用与油气运聚成藏物理模拟. 吉林大学学报, (1): 98-104.

滕长宇, 邹华耀, 郝芳. 2014. 渤海湾盆地构造差异演化与油气差异富集. 中国科学, 44(4): 579-590.

王德英, 于海波, 王启明, 等. 2018. 渤海海域湖盆萎缩期浅水三角洲岩性油气藏差异成藏模式. 东北石油大学学报, 042(003): 16-25, 112.

王德英, 于娅, 张藜, 等. 2020. 渤海海域石臼坨凸起大型岩性油气藏成藏关键要素. 岩性油气藏, 32(1): 1-10.

王朋岩, 孙鹏. 2011. 油气运移动力及输导体系对海塔盆地油气分布的控制作用. 地质科学, 46(4): 1042-1054.

王拥军, 张宝民, 王政军, 等. 2012. 渤海湾盆地南堡凹陷奥陶系潜山油气地质特征与成藏主控因素. 天然气地球科学, 23(1): 51-58.

吴伟涛, 高先志, 李理, 等. 2015. 渤海湾盆地大型潜山油气藏形成的有利因素. 特种油气藏, 22(2): 22-26.

夏庆龙. 2012. 渤海海域构造形成演化与变形机制. 北京: 石油工业出版社.

薛永安. 2018. 渤海海域油气运移"汇聚脊"模式及其对新近系油气成藏的控制. 石油学报, 39(9): 963-1005.

薛永安. 2019. 渤海海域深层天然气勘探的突破与启示. 天然气工业, 39(1): 11-20.

薛永安, 李慧勇. 2018. 渤海海域深层太古界变质岩潜山大型凝析气田的发现及其地质意义. 中国海上油气, 30(3): 1-9.

薛永安, 韦阿娟, 彭靖淞, 等. 2016. 渤海湾盆地渤海海域大中型油田成藏模式和规律. 中国海上油气, 28(3): 14-23.

薛永安, 邓运华, 王德英, 等. 2019. 蓬莱19-3特大型油田成藏条件及勘探开发关键技术. 石油学报, 40(9): 1125-1146.

杨海风, 王德英, 高雁飞, 等. 2019. 渤海湾盆地盆缘洼陷新近系天然气成因与油气差异富集机理——以黄河口凹陷东洼为例. 石油学报, 40(5): 509-518.

杨明慧. 2008. 渤海湾盆地潜山多样性及其成藏要素比较分析. 石油与天然气地质, 29(5): 623-631.

叶涛, 韦阿娟, 祝春荣, 等. 2016. 渤海海域基底"改造型火山机构"特征及油气成藏意义. 石油学报, 37(11): 1370-1380.

翟中喜, 白振瑞. 2008. 渤海湾盆地石油储量增长规律及潜力分析. 石油与天然气地质, 29(1): 88-94.

张宏国, 王昕, 官大勇, 等. 2018. 渤海海域蓬莱9-A油田输导脊研究及应用. 中国石油勘探, 23(4): 51-57.

张厚福. 1999. 石油地质学. 北京: 石油工业出版社.

张善文, 王永诗, 石砥石, 等. 2003. 网毯式油气成藏体系: 以济阳拗陷新近系为例. 石油勘探与开发, 30(1): 1-10.

赵密福, 信荃麟, 李亚辉, 等. 2001. 断层封闭性的研究进展. 新疆石油地质, (3): 258-261.

赵文智, 何登发. 1996. 含油气系统理论在油气勘探中的应用. 石油与天然气, 1(2): 12-19.

赵贤正, 金凤鸣, 崔周旗, 等. 2012. 冀中拗陷隐蔽型潜山油藏类型与成藏模拟. 石油勘探与开发, 39(2): 137-143.

赵贤正, 蒲秀刚, 王家豪, 等. 2017. 断陷盆地缓坡区控砂控藏机制与勘探发现——以歧口凹陷歧北缓坡带为例. 石油学报, 38(7): 729-739.

周立宏, 蒲秀刚, 肖敦清, 等. 2013. 箕状断陷斜坡区沉积储层与油气成藏——以渤海湾盆地为例. 北京: 石油工业出版社.

朱筱敏, 钟大康, 张琴, 等. 2008. 济阳拗陷古近系碎屑岩储层特征和评价. 北京: 科学出版社.

邹华耀, 向龙斌, 梁宏斌, 等. 2001. 冀中拗陷潜山油气运聚动力学特征及其类型. 地球科学, 26(1): 67-72.

邹华耀, 龚再升, 滕长宇, 等. 2011. 渤中拗陷新构造运动断裂活动带 PL19-3 大型油田晚期快速成藏. 中国科学, 41(4): 482-492.

左银辉, 邱楠生, 庞雄奇, 等. 2010. 渤海海域沙三段烃源灶演化特征研究. 地球物理学报, 53(10): 2415-2426.

Corcoran D V, Dore A G. 2002. Top seal assessment in exhumed basin settings-some insights from Atlantic Margin and borderland basins//Koestler A G, Hunsdale R. Hydrocarbon Seal Quantification. NPF Special Publication: 89-107.

Schowalter T T. 1979. Mechanics of secondary hydrocarbon migration and entrapment. AAPG Bulletin.

Yan J Z, Luo X R, Wang W M, et al. 2012. An experimental study of secondary oil migration in a three-dimensional tilted porous medium. AAPG Bulletin, 96(5): 772-788.